Claus Ebster und Marion Garaus

Räume, die zum Kauf verführen

Claus Ebster und Marion Garaus

Räume, die zum Kauf verführen

Store Design und Visual Merchandising

facultas

Kontakt zum Autor:
ebster@marketmentor.at

Titel der amerikanischen Originalausgabe
Store Design and Visual Merchandising:
Creating Store Space That Encourages Buying, Second Edition
ISBN: 978-1-63157-112-1
Copyright © 2015 Business Expert Press, LLC
Übersetzung und Bearbeitung durch den Autor

Bibliografische Information Der Deutschen Nationalbibliothek
Die Deutsche Nationalbibliothek verzeichnet diese Publikation in der Deutschen
Nationalbibliografie; detaillierte bibliografische Daten sind im Internet über
http://dnb.d-nb.de abrufbar.

Alle Angaben in diesem Fachbuch erfolgen trotz sorgfältiger Bearbeitung ohne
Gewähr, eine Haftung des Autors oder des Verlages ist ausgeschlossen.

1. Auflage 2015
Copyright © 2015 Facultas Verlags- und Buchhandels AG
facultas Universitätsverlag, 1050 Wien, Österreich
Alle Rechte, insbesondere das Recht der Vervielfältigung und der Verbreitung sowie
der Übersetzung, sind vorbehalten.
Umschlagbild: © Umdasch
Satz: SOLTÉSZ
Druck: Finidr, s.r.o., Český Těšín
ISBN 978-3-7089-1264-6

Danksagung

Ohne die Hilfe unserer Kollegen, Freunde und Familienmitglieder wäre dieses Buch niemals zustande gekommen.

Besonderer Dank gilt Riem Khalil und Udo Wagner, die das gesamte Manuskript gelesen und uns – wie so oft – zahlreiche wertvolle Anregungen und Hinweise gegeben haben. Riem verbrachte auch unzählige Stunden mit der Erstellung der wunderbaren Illustrationen, die dieses Buch um so vieles lesbarer machen.

Wir bedanken uns auch für die zahlreichen Vorschläge, die wir von Linda Boyer, Christl Chloupck, Christian Garaus, Yvonne Hartl und Elisabeth Wolfsteiner erhalten haben. Ebenfalls zu diesem Buch beigetragen haben Stephen Chappell, Wolfgang Depauli, Jutatip Jamsawang, Wolfgang Weitzl und Magdalena Zimprich.

Herzlich gedankt sei auch Umdasch Shop Concept für die Bereitstellung ausgezeichneten Bildmaterials, Linda, WriteWatchman für die Unterstützung bei der amerikanischen Auflage dieses Buches sowie Peter Wittmann vom Facultas Verlag, der diese deutsche Ausgabe ermöglichte und tatkräftig unterstützte.

Claus widmet dieses Buch seiner Mutter und seiner Frau, Riem; Marion widmet es ihrem Mann Christian.

Inhaltsverzeichnis

Einleitung

Was Sie mit Ladengestaltung erreichen können

Vor einigen Jahren erschien im *The Wall Street Journal* ein Artikel mit der folgenden Schlagzeile: „Innenarchitekt gestaltet ein Spielkasino, das Ihr Moralgefühl lockert."

Ein Kasino, das die Moral von Leuten lockert? Wie soll das gehen? Vielleicht können die Kellnerinnen, die den Spielern Getränke servieren, ihre Moral lockern, oder vielleicht die Croupiers. Wie der Artikel allerdings erklärte, handelt es sich tatsächlich um das Gebäude selbst, das das Kaufverhalten der Spieler beeinflusst. Ein Marketingspezialist, der für eines der Kasinos tätig war, erklärte, dass die Gestaltung des gesamten Gebäudes auf diesen Zweck ausgerichtet wurde (Abbildung I.1):

> Die Fenster in der Lobby wurden durch Platten aus durchscheinendem italienischen Marmor ersetzt, damit „die Leute das Zeitgefühl verlieren. Sobald sie eintreten, befinden sie sich in einem Disneyland für Erwachsene." Darüber hinaus kamen Materialien zum Einsatz, die den Geräuschpegel im Kasino erhöhen, „weil Lärm Aufregung schafft". Das Licht über den Blackjack-Tischen wurde so installiert, dass es auf die Spieler fiel, aber nicht auf die Zuschauer, „weil sonst das Sicherheitsgefühl der Spieler gestört würde". Die acht Restaurants im Kasino wurden in den

Abb. I.1.   Räume, die verführen: Beeinflussung des Konsumentenverhaltes von Spielern in einem Kasino

Farben liturgischer Gewänder – Gold, Violett, Dunkelrot – eingerichtet, um die Verbindung zwischen dem Glücksspiel und dem Hochadel zu unterstreichen. In den Restaurants befinden sich flauschige Teppiche und Wandverkleidungen aus Mohair, die den Räumen eine „Sinnlichkeit" und Wärme geben sollten, die die Gäste dazu veranlasst, „noch einen weiteren Brandy zu trinken", sagt er. Aber die profitablen VIP-Gäste, denen die Kasinos während ihres Aufenthalts gratis Suiten zur Verfügung stellen, bekommen auch die Kehrseite der Umweltpsychologie zu spüren… Ihre Suiten sind in grellen, kontrastreichen Farben gestaltet. Auch ist die Beleuchtung so hell und das Geräuschniveau so hoch, dass die Spieler nicht lange in ihren Zimmern bleiben und schon bald wieder zu den Roulettetischen strömen.[1]

In den Jahren, seit dieser Artikel erschien, haben Marketer viel über das Kaufverhalten von Konsumenten gelernt und darüber, wie die Umgebung das Verhalten in Kasinos, Restaurants, Supermärkten oder Einkaufszentren beeinflusst. In diesem Buch teilen wir mit Ihnen zahlreiche Geheimnisse, die wir als Marketingberater und Konsumentenforscher gelernt haben. Sie erfahren, wie Sie Ihr Geschäft so gestalten können, dass Sie Ihren Umsatz steigern und gleichzeitig Ihre Kunden begeistern.

Wir werden nicht versuchen, Ihre Moral zu lockern – oder jene Ihrer Kunden. (Solchen Unfug überlassen wir gerne den Kasinobetreibern.) Wenn Sie jedoch im Handel oder in einem Dienstleistungsbetrieb tätig sind, möchten wir Ihnen einige „Kniffe" vermitteln und Ihnen neue Erkenntnisse aus der Konsumentenforschung vorstellen. Wenn Sie ein Konsument sind, dann versprechen wir Ihnen, dass Sie Läden in Zukunft mit völlig anderen Augen sehen werden.

Zunächst aber sehen wir uns an, warum die Ladengestaltung und die Produktpräsentation relevant sind und welche Ziele damit verfolgt werden.

Untersuchungen zeigen immer wieder, dass Konsumenten bis zu 80% aller Kaufentscheidungen direkt im Geschäft treffen. Die Gründe dafür sind vielfältig. Einige Konsumenten haben nur eine vage Vorstellung davon, was sie kaufen möchten, bevor sie den Laden betreten. Andere wiederum haben sich zwar für ein Produkt entschieden, sind sich aber über die Marke oder die Ausführung nicht sicher. Wiederum andere Konsumenten, die Impulskäufer, entscheiden spontan, dass sie ein Produkt, das sie sehen, hier und jetzt kaufen müssen.

Was auch immer die genauen Kaufmotive sein mögen, der Umstand, dass die meisten Kaufentscheidungen im Laden getroffen oder zumindest beeinflusst werden, macht den Verkaufsraum zu einem idealen Marketingwerkzeug, sowohl für den Handel als auch für die Hersteller. Es gibt also verschiedene Gründe für die Bedeutung der Ladengestaltung und Produktpräsentation:

- Durch die Ladengestaltung können Sie Kunden genau dort beeinflussen, wo sie die meisten Kaufentscheidungen treffen. Im Gegensatz zu traditionellen Formen der Marketingkommunikation wie Print- und Fernsehwerbung, Werbebriefen aber auch dem Internet ist der Einfluss auf den Konsumenten direkt und dreidimensional. Verkaufsräume wirken auf alle Sinne.

- In einer idealen Marketingwelt würde das Verkaufspersonal alle Kunden immer freundlich grüßen, sie durch das Geschäft führen, ihre Bedürfnisse mit ihnen besprechen, ihnen Produkte zeigen, die ihnen gefallen könnten, und sie ganz allgemein bei guter Laune halten. In der Realität ist es für die meisten Handels- und Dienstleistungsbetriebe unmöglich, einen derart hohen Personalstand zu halten, um alle diese Ziele zu erreichen. Die Gestaltung des Ladens oder der Dienstleistungsumgebung kann zwar gute Verkäufer nicht vollständig ersetzen, die richtige Ladengestaltung kann jedoch Kunden durch das Geschäft leiten, sie mit Informationen versorgen, sie unterhalten und ihnen sogar Produkte verkaufen. Ein weiterer Vorteil: Die Ladengestaltung macht das Tag für Tag, ohne krankheitsbedingte Abwesenheiten, Schulungskosten oder Zahlungen für Überstunden.
- Im Zeitalter gesättigter Märkte ist es für den Handel und Dienstleister zunehmend schwierig, sich von der Konkurrenz zu unterscheiden. Die Ladengestaltung kann ein sehr effektives Werkzeug zur Positionierung darstellen und genau das erreichen. Indem Sie die in diesem Buch vorgeschlagenen Prinzipien einsetzen, können Sie für Ihre Kunden einprägsame Erlebnisse schaffen, die Ihr Unternehmen von der Konkurrenz abheben und Ihre Kunden begeistern werden.

Die Ladengestaltung ist ein faszinierendes, vielfältiges Betätigungsfeld. Durch unsere Forschung und Beratungstätigkeit erhalten wir immer wieder neue Einblicke in das Kaufverhalten von Konsumenten. Aus all diesen Ergebnissen haben wir die wichtigsten Prinzipien destilliert und für Sie aufbereitet. In den nächsten Kapiteln stellen wir Ihnen diese Erkenntnisse vor. Nach dem Lesen dieses Buches werden Sie Folgendes gelernt haben:

1. Wie Kunden sich im Laden bewegen, wie sie nach Produkten suchen und wie Sie sicherstellen können, dass sie die Produkte finden, die Sie Ihnen gerne verkaufen möchten (Kapitel 1).
2. Warum verwirrte Konsumenten nicht kaufen und was Sie machen können, um die Orientierungsfreundlichkeit des Ladens – bis hin zur Kasse – zu erhöhen (Kapitel 2).
3. Wie Sie das Kaufverhalten durch Designfaktoren wie den Bodenbelag, die Decke und Warenträger beeinflussen können (Kapitel 3).
4. Wie Sie Produkte auf die aufmerksamkeitserregendste und profitabelste Weise präsentieren (Kapitel 4).
5. Wie Sie durch Farben, Düfte, Licht und Musik die Emotionen Ihrer Kunden ansprechen (Kapitel 5).
6. Wie Sie es durch einprägsame Erlebnisse schaffen, dass Ihre Kunden Spaß beim Einkauf haben (Kapitel 6).

Am Ende eines jeden Kapitels finden Sie „das Wichtigste in Kürze". Dies sind die wichtigsten und am besten umsetzbaren Erkenntnisse aus jedem der behandelten Bereiche. Das Buch schließt mit einer kurzen „Rezeptsammlung" ab (Kapitel 7). Hier finden Sie Anregungen, wie Sie die im Buch behandelten Prinzipien gezielt anwenden können, um das Kaufverhalten von Kunden zu beeinflussen und in Ihrem Geschäft die gewünschten Ergebnisse zu erreichen.

Das Wichtigste in Kürze

- Die physische Umgebung, also der Laden oder die Dienstleistungsumgebung, beeinflusst maßgeblich das menschliche Verhalten.
- Verkaufsräume können gezielt so gestaltet werden, dass sie bei Konsumenten ein bestimmtes Verhalten auslösen oder fördern. Dies gelingt meist besser als durch werbliche Maßnahmen, weil der Verkaufsraum die Käufer direkt und über alle Sinne ansprechen kann.
- Bis zu 80% aller Kaufentscheidungen sind ungeplant, werden also direkt im Laden getroffen. Gerade hier können die Ladengestaltung und Warenpräsentation ansetzen.
- Durch die Ladengestaltung kann das Verkaufspersonal unterstützt werden – nicht nur das Personal, auch der Laden selbst verkauft.
- Ladengestaltung und Visual Merchandising ermöglichen es, ein Unternehmen von der Konkurrenz abzuheben und dadurch einen kompetitiven Vorteil zu erlangen.
- Kreative, erlebnisorientierte Ladengestaltung spricht Käufer an, die Spaß beim Einkauf haben möchten, und ermöglicht es, diese zu begeistern.

Kapitel 1

Ladenlayout und Kaufverhalten: Verstehen und beeinflussen Sie, wie Käufer Ihr Geschäft navigieren

Sowohl Konsumenten als auch Marketer waren schockiert, als in den 1950er-Jahren der amerikanische Journalist Vance Packard „Die geheimen Verführer" publizierte, ein Sachbuch, das sehr kritisch die Methoden hinterfragte, mit denen Marketer versuchen, das Verhalten von Konsumenten zu beeinflussen. In dem Kapitel „Babes in Consumerland" beschreibt Packard, wie Konsumentenforscher Frauen beim Einkauf im Supermarkt beobachteten und diese Informationen dazu nutzten, um sie subtil zu „manipulieren". Aus heutiger Perspektive erscheinen manche der Beschreibungen in Packards Buch extrem übertrieben, stereotyp und beinahe komisch:

> Interessanterweise waren viele Frauen derart in Trance, dass sie an Nachbarn und alten Bekannten vorbeigingen, ohne sie zu bemerken oder zu grüßen. Manche hatten einen gläsern starren Blick. Sie waren, während sie durch das Geschäft gingen und wahllos nach Dingen in den Regalen griffen, so entrückt, dass sie blicklos gegen Kästen rannten und nicht einmal die Kamera bemerkten, obwohl sie im Abstand von weniger als einem halben Meter an der Stelle vorübergingen, wo die versteckte Kamera surrte.[1]

Abb. 1.1. Durch Beobachtung finden Sie heraus, welche Routen die Kunden im Laden nehmen

Auch wenn heutzutage Konsumentenforscher die von ihnen untersuchten Konsumenten wohl kaum als „in Trance" oder „hypnotisiert" bezeichnen würden, so sind Beobachtungsstudien im Verkaufslokal mehr denn je eine wertvolle Methode, um Läden zu planen und zu optimieren. Von besonderer Bedeutung ist die Beobachtung von Konsumenten dann, wenn es darum geht, das Layout eines Ladens zu planen. In unseren Untersuchungen beobachten wir häufig Konsumenten (nicht nur Frauen, sondern natürlich auch Männer), um herauszufinden, wie sie sich durch das Geschäftslokal bewegen (Abb. 1.1).

In Abbildung 1.2 sehen Sie einen Auszug aus den Ergebnissen einer Kundenlaufstudie, die wir in einem Buchgeschäft durchgeführt haben.[2] Die Linien stellen die Wege dar, welche die Kunden durch das Verkaufslokal genommen haben. Die Buchstaben bezeichnen verschiedene Produktgruppen, wie z.B. Kochbücher, Reiseführer, Schreibwaren und Ähnliches. Die Nachverfolgung des Weges eines einzelnen Kunden ist natürlich noch nicht sehr aufschlussreich. Wenn wir uns allerdings die Wege vieler Kunden insgesamt ansehen, so ergeben sich bestimmt Muster, die Aufschluss über typische Kundenwege geben. Natürlich sind diese nicht in allen Läden gleich, sondern sie variieren je nach dem Ladenlayout, der Größe des Geschäftslokals und den Kunden. Aus diesem Grund ist es auch sinnvoll, dass Sie in Ihrem Verkaufslokal eine eigene Beobachtungsstudie durchführen lassen, um die spezifischen Probleme, aber auch das mögliche Verbesserungspotenzial aufzuzeigen.

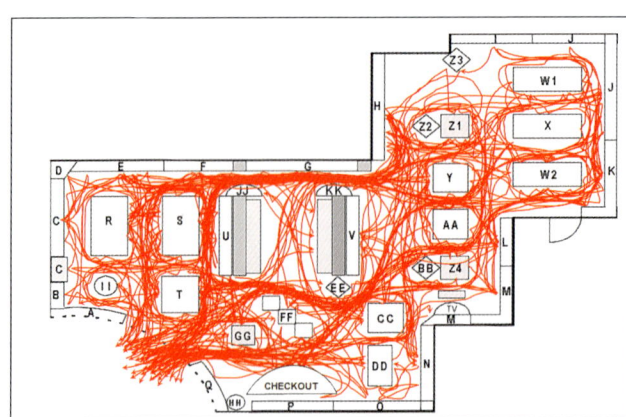

Abb. 1.2. Bewegungsmuster in einem Buchgeschäft

So waren zum Beispiel im angesprochenen Buchgeschäft bequeme Sitzbänke aufgestellt worden, um die Kunden dazu zu animieren, in für sie interessanten Büchern zu schmökern. Wie Sie sehen können, war eines der Ergebnisse der Untersuchung, dass viele Konsumenten die Lesezone (den Bereich zwischen den beiden Bänken in der Mitte des Ladens) als Abkürzung benützten, um in den hinteren Teil des Ladens zu gelangen. Dies kann natürlich zur Störung der Kunden führen, die sich gerade gemütlich ein Buch ansehen wollen. Basierend auf diesen Ergebnissen war daher unsere Empfehlung an die Geschäftsführung, die Lesezone auf ein niedriges Podest zu stellen. Auf diese Weise konnten die Leser immer noch bequem die Sitzbänke erreichen, gleichzeitig wurde dadurch jedoch auch die missbräuchliche Nutzung der Lesezone als Abkürzung reduziert.

Einige generelle Regeln des Kundenverkehrs im Laden

Zwar variiert das Gehverhalten von Kunden, je nachdem, in welchem Geschäft sie sich befinden, dennoch lassen sich einige Verhaltensmuster beobachten, die immer wieder auftreten. Wir haben diese in unseren eigenen Studien wiederholt beobachtet, und auch andere Handelsexperten und Konsumentenforscher berichten von ihnen. Sehen wir sie uns genauer an und lassen Sie uns damit gleich am Eingang des Geschäftslokals beginnen.

Die Übergangszone

Der Bereich nach dem Eingang: Wäre das nicht ein idealer Platz, um Kunden über den Laden zu informieren und ihnen sogleich Waren zu offerieren? Leider nein! Unmittelbar nachdem der Kunde den Laden betritt, befindet er sich in dem vom bekannten amerikanischen Handelsforscher Paco Underhill als Übergangszone bezeichneten Bereich.[3] Übergangszone wird dieser Platz im Verkaufsraum deshalb genannt, weil sich hier der Übergang von einer Umgebung (der Straße, dem Parkplatz oder dem Einkaufszentrum) zu einer anderem (dem Ladeninneren) abspielt. An diesem Ort benötigen Kunden einen Moment Zeit, um sich zu orientieren. Sie müssen sich auf die vielen neuen Reize im Verkaufslokal einstellen: die Unterschiede in der Beleuchtung und der Temperatur, die Schilder und Hinweistafeln, die Farben und andere Kunden, um nur einige zu nennen. Dieser Faktor hat wichtige Implikationen für die Verkaufsraumgestaltung.

Viele Händler sind sich der Bedeutung des Eingangsbereichs bewusst. Immerhin muss jeder Kunde diese Zone passieren (es sei denn, es gibt mehrere Eingänge). Allerdings können diese Überlegungen trügerisch sein. Gerade in der Übergangszone unmittelbar nach dem Eingang ist das Informationsverarbeitungssystem des Konsumenten damit beschäftigt, sich auf die neue Umgebung einzustellen und das im Laden angestrebte Ziel zu erreichen. Infolgedessen wird in der Übergangszone die unmittelbare Umgebung praktisch ausgeblendet. Sehen wir uns dazu einmal die Dame in Abbildung 1.3 an, die gerade einen Elektronikmarkt betritt.

Haben Sie gesehen, wie diese Konsumentin geradeaus schaut und nicht einmal das Produkt-Display zu ihrer Rechten bemerkt? Sie sieht natürlich auch nicht die bereitgestellten Einkaufskörbe am Boden (von ihr aus links). Ganz offensichtlich benötigt sie noch einige Momente, um sich auf die neue Umwelt einzustellen. Manchmal fragen wir uns, welchen Effekt wohl ein in der Übergangszone direkt nach dem Eingang platziertes Schild mit der Aufschrift „Heute alle Waren gratis!" hätte. Würden Konsumenten es bemerken? Leider suchen wir immer noch nach einem Klienten, der uns erlaubt, dieses Experiment in seinem Laden durchzuführen…

Die Übergangszone ist kein besonders geeigneter Platz, um Produkte mit hohen Gewinnspannen zu platzieren oder Kunden mit wichtigen Informationen zu versorgen. Das bedeutet allerdings nicht, dass dem Bereich gleich nach dem Eingang keine Bedeutung zugemessen werden sollte. Dies ist der Platz, um einen positiven ersten Eindruck beim Kunden zu hinterlassen. Außerdem ermöglicht es die Eingangszone – insbesondere bei Geschäftslokalen in Einkaufszentren, bei welchen man durch den weitläufigen, offenen Eingang in das Innere des Geschäfts blicken kann –, Passanten in das Geschäft zu „locken". Die attraktiven, von Waren völlig überquellenden Obst- und Gemüseabteilungen mancher Supermärkte, die sich direkt am Eingang befinden, sind ein Beispiel für diese Technik.

Abb. 1.3. In der Übergangszone: Die Käuferin schaut geradeaus und bemerkt nicht das Produkt-Display zu ihrer Rechten

Kunden gehen gegen den Uhrzeigersinn

Haben Sie schon einmal bemerkt, in welche Richtung Sie gehen, nachdem Sie ein Geschäft betreten und sich in der Übergangszone erfolgreich an die neue Umgebung angepasst haben? Auch wenn natürlich nicht alle Konsumenten gleich sind, so lässt sich doch erkennen, dass sich Käufer oft gegen den Uhrzeigersinn im Geschäft bewegen. Dieses Bewegungsmuster wurde von vielen Konsumentenforschern festgestellt.[4] Auch wir haben diese Tendenz in einigen unserer Studien festgestellt. Abbildung 1.4 stellt einen Supermarkt schematisch dar. Der Pfeil zeigt das typische Bewegungsmuster von Konsumenten in diesem Geschäft. Zugleich demonstriert dies die bei Konsumenten häufig anzutreffende Tendenz, im Geschäft gegen den Uhrzeigersinn zu gehen.

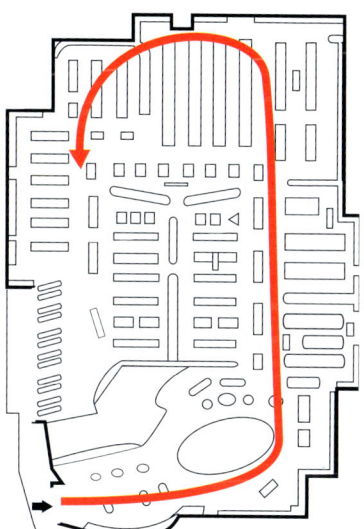

Abb. 1.4. Kunden bewegen sich gegen den Uhrzeigersinn

Es wird bisweilen argumentiert, dass Konsumenten gegen den Uhrzeigersinn bzw. nach rechts gehen, weil in vielen Ländern auch im Straßenverkehr Rechtsverkehr herrscht.[5] Diese Erklärung ist zwar plausibel, aber dennoch wahrscheinlich falsch (denken Sie etwa an Länder mit Linksverkehr wie etwa Großbritannien, wo Konsumenten im Verkaufslokal sehr ähnliche Bewegungsmuster aufweisen). Auch konnten wir diese Tendenz zum Nach-rechts-Gehen nicht nur bei rechtshändigen Konsumenten feststellen. Die Forschung zeigt, dass Kunden vermutlich keine angeborene oder gelernte Tendenz Nach-rechts-Gehen aufweisen. Vielmehr ist es das Geschäftslokal, das sie dazu bewegt, nach rechts zu gehen, weil sich in den meisten Geschäften der Eingang im rechten Teil der Geschäftsfassade befindet. Sofern Kunden nicht sofort nach dem Eintreten zur Kassenzone gehen (was unwahrscheinlich ist), sind sie mehr oder weniger gezwungen, sich zunächst rechts zu halten, um in den hinteren Teil des Geschäfts zu gelangen und danach schließlich links abzubiegen. Besonders interessant ist, dass einer neueren Untersuchung zufolge Konsumenten Informationen besser verarbeiten, wenn sich der Geschäftseingang links anstatt rechts befindet.[6]

Kunden vermeiden enge Gänge

Bleiben Sie mit uns in demselben Supermarkt und sehen Sie sich Abb. 1.5 an. Relativ wenige Kunden bewegen sich in den Bereichen, die auf dem Plan in dunklen Farben dargestellt sind. Die stark frequentierten Gänge sind hingegen orange oder rot dargestellt.

Wie Sie sehen können, betreten nur wenige Konsumenten den Bereich, der auf dem Plan eingekreist ist. Dies ist darauf zurückzuführen, dass die Gänge in diesem Bereich ziemlich schmal im Vergleich zu den Gängen im restlichen Geschäftslokal sind. In engen Gängen befürchten viele Kunden, dass andere Personen in ihren „persönlichen Bereich eindringen", also sich ihnen beim Vorübergehen zu stark nähern und sie womöglich auch noch von hinten streifen. Aus diesem Grund wird dieses Phänomen auch etwas salopp als „butt-brush effect" bezeichnet.[7]

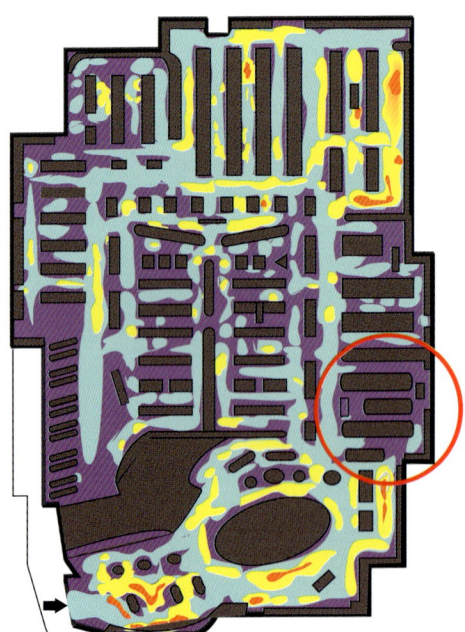

Abb. 1.5. Kunden vermeiden enge Gänge

Allerdings sollte darauf hingewiesen werden, dass dieser Effekt nicht universelle Gültigkeit besitzt. In Kulturen wie Deutschland, den USA oder Großbritannien etwa ist die öffentliche Distanzzone relativ groß, während in anderen Kulturen (z.B. in arabischen oder vielen lateinamerikanischen Ländern) auch einander nicht näher bekannte Personen in deutlich näherem räumlichen Abstand zueinander stehen.[8] Dementsprechend ist die Breite von Gängen in diesen Ländern auch von etwas geringerer Bedeutung. In Mitteleuropa ist es hingegen wichtig, dass Gänge weit genug geplant werden, um Kunden noch vor dem Eintreten in den Gang zu signalisieren, dass andere Konsumenten sie problemlos und ohne in ihre Intimdistanz einzudringen, passieren können.

Kunden vermeiden höher und tiefer gelegene Ebenen des Geschäftslokals

Eine weitere Regel des Kundenverkehrs im Laden besagt, dass Kunden es vorziehen, in jenem Stockwerk zu bleiben, in dem sie den Laden betreten haben. Generell gehen Kunden weder in höhere noch in tiefer gelegene Stockwerke besonders gerne. Insbesondere für bestimmte Kundengruppen wie etwa Behinderte, Senioren oder stark Übergewichtige kann der Wechsel von einem Stockwerk in ein anderes sogar ziemlich mühsam sein. Natürlich können Aufzüge und Rolltreppen (die übrigens von vielen Kunden den Aufzügen vorgezogen werden) dieses Problem etwas abmindern, aber der negative Effekt auf den Kundenverkehr lässt sich dadurch natürlich nicht völlig vermeiden. Aus diesem Grund sollten Geschäftslokale, sofern möglich, so geplant werden, dass sie auf einem einzelnen Stockwerk Platz finden (ein Konzept, das häufig von „Big Box Retailers" wie Wal-Mart, Home Depot, Tesco oder Target umgesetzt wird). Es sollte allerdings auch darauf hingewiesen werden, dass Konsumenten unter Umständen Geschäfte mit mehr als einem Stockwerk als elitärer und exklusiver empfinden, wohingegen eingeschoßige Geschäfte als Diskonter mit weniger exklusiver Ware gesehen werden.

In Lokalitäten, in denen nur begrenzte Grundflächen für das Verkaufslokal zur Verfügung stehen (z.B. in Innenstadtlagen), ist es nicht immer möglich, das Verkaufslokal nur einstöckig zu planen. In diesem Fall sollte der Teil des Sortiments, der die meisten Käufer anzieht, im Erdgeschoß platziert werden. Zum Beispiel mehrgeschoßige Modegeschäfte, die sowohl Bekleidung für Frauen als auch für Männer führen, platzieren die Damenabteilung häufig im Erdgeschoß und die Herrenabteilung im ersten Stock, da häufig Frauen ihre primäre Zielgruppe darstellen.

Die Planung des Geschäftslayouts

Nachdem wir nun wissen, wie sich Konsumenten durch den Verkaufsraum bewegen, ist es an der Zeit, das optimale Geschäftslayout zu planen. Zwar gibt es grundsätzlich viele verschiedene Möglichkeiten, aber bestimmte Layouts werden besonders häufig verwendet. Lassen Sie uns diese genauer ansehen und ihre Vor- und Nachteile analysieren.

Thekenladen

Noch bis in die Mitte des 20. Jahrhunderts waren die allermeisten Einzelhandelsgeschäfte Thekenläden. In solchen Läden befinden sich Verkäufer und Ware hinter einer oder mehreren Theken, und von dort aus werden die Kunden bedient. Heutzutage gibt es jedoch nur mehr relativ wenige Thekenläden, da dieses Layout mit dem Konzept der Selbstbedienung nicht kompatibel ist. Dennoch gibt es einige Bereiche des Einzelhandels, in denen Thekenläden immer noch Sinn machen:

- In Apotheken werden Medikamente über die Theke verkauft, um die Kontrolle darüber zu behalten, welche Patienten welche Medikamente erhalten.
- In sehr kleinen Geschäften wie etwa Trafiken oder Zeitschriftenständen sind Thekenläden oft das einzige praktikable Layout.
- Wenn Ladendiebstahl ein besonderes Problem darstellt (z.B. bei besonders kleinen oder teuren Waren wie etwa in einem Juweliergeschäft), sind Theken das geeignetste Mittel, um Diebstähle zu verhindern.
- Sehr exklusive Geschäfte mit hohem Personaleinsatz, in denen sich die Kunden einen hohen Grad an persönlicher Beratung erwarten (so etwa in der in Abb. 1.6 dargestellten Officina Profumo-Farmaceutica di Santa Maria Novella, einer berühmten Parfüm-Manufaktur in Florenz).

Abb. 1.6. Beispiel eines exklusiven Thekenladens

Auch wenn in diesen Fällen Thekenläden vorteilhaft sind, so sind sie doch im modernen Handel nicht sehr populär, da sie arbeitsintensiv sind (Selbstbedienung ist nur sehr eingeschränkt möglich) und überdies Impulskäufe drastisch reduzieren, weil die Produkte hinter der Theke „versteckt" oder in Vitrinen eingeschlossen sind. Bis zu einem gewissen Grad lässt sich dieses Manko jedoch ausgleichen, wenn das Verkaufspersonal geschult wird, Suggestive Selling, also mündliche Kaufanregungen, einzusetzen.[9] Um dies am eigenen Leib zu erfahren, gehen Sie einfach einmal zu McDonald's. In diesem Thekenladen folgt auf die Bestellung eines Hamburgers die Frage „Möchten Sie Pommes frites dazu?" wie das Amen im Gebet.

Zwangslauf

Wie der Name schon impliziert, wird der Kunde in einem Zwangslauf-Layout praktisch dazu gezwungen, eine bestimmte Route durch das Geschäft zu nehmen (siehe Abb. 1.7). Zumindest in der Theorie ist dieses Ladenlayout faszinierend. Da der Weg des Kunden durch den Laden vorgegeben ist, erlaubt es dieses Layout, die Eindrücke, die der Kunde während des Einkaufs haben soll, wie in eincm Drehbuch Schritt für Schritt zu planen. Sobald der Kunde den Laden betreten hat, folgt er einem einzigen Weg durch den Laden bis hin zur Kasse und hat dabei Produktkontakte in genau der vom Händler vorgegebenen Reihenfolge. Man kann sich das (mit etwas Phantasie) in etwa so vorstellen wie in einem Hitchcock-Film, bei dem der Altmeister des Thrillers uns durch dramaturgisch genau geplante Szenen unweigerlich in seinen Bann zieht: Zunächst sehen wir eine Frau, die eine Dusche betritt, dann einen Schatten hinter dem Duschvorhang, dann das Gesicht der Frau, dann den sich wölbenden Duschvorhang… den weiteren Verlauf brauchen wir vermutlich nicht zu beschreiben. Auch im Geschäftslokal können wir unser Wissen darüber, was der Kunden als Nächstes sehen wird, dazu nutzen, um das Konsumentenverhalten zu beeinflussen, indem wir Waren und Informationen in der optimalen Reihenfolge präsentieren. Dazu kommt, dass der Kunde jeden Gang im Geschäft passieren muss und der Produktkontakt somit maximiert werden kann. Der Kontakt mit zahlreichen Produkten wiederum steigert die Wahrscheinlichkeit, dass der Kunde ungeplante Käufe tätigen wird.

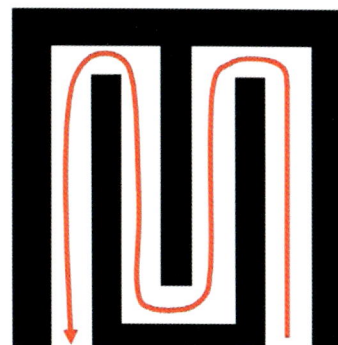

Abb. 1.7. Zwangslauf

Leider ist in der Realität ein Zwangslauf nicht ganz so ideal. Zwar maximiert dieser den potenziellen Produktkontakt, aber er kann auch leicht zu Irritationen der Konsumenten führen. Wer möchte schon gerne dazu gezwungen werden, ein ganzes Geschäft auf nur einem vorgegebenen Weg zu durchqueren? Andererseits kann uns ein großer Möbelhändler lehren, wie ein Zwangslauf erfolgreich implementiert werden kann, ohne die Kunden zu irritieren. Dieser Händler ist IKEA. Bei IKEA sind große Teile des weitläufigen Geschäftslokals als Zwangslauf konzipiert. Dieses Layout erlaubt es dem Unternehmen, seine Produkte im Laden genau in der Position zu präsentieren, in der es möchte, dass die Kunden sie entdecken. Zusätzlich wird die Aufmerksamkeit der Konsumenten auf einen großen Teil des Sortiments gelenkt. Was passiert aber, wenn ein Kunde eindeutig nicht in der Stimmung ist, gemütlich durch IKEAs labyrinthartige Verkaufsräume zu spazieren, und stattdessen nach der Auswahl eines spezifischen Produkts die Kasse möglichst schnell erreichen möchte? Um diese Schnellkäufer nicht zu irritieren, setzt IKEA Abkürzungen an verschiedenen Stellen des Geschäftslokals ein. Dies erlaubt den Konsumenten, Teile des Geschäfts zu überspringen und somit die Kassenzone schneller zu erreichen (Abb. 1.8). Verglichen mit den Hauptgängen sind diese Abkürzungen deutlich enger, und auch wenn Schilder auf die Abkürzungen hinweisen, so sind sie doch relativ unauffällig. IKEA verlässt sich hier auf das psychologische Prinzip der selektiven Wahrnehmung. Reize, die für den Konsumenten relevant sind, fallen mehr auf als irrelevante Elemente der Umwelt. Während der durchschnittliche Kunde, der einige Zeit im Geschäft verbringen möchte, die Abkürzungen und Hinweisschilder nicht unbedingt wahrnimmt, so werden sie von eiligen Käufern, die nach dem Ausgang suchen, dennoch schnell bemerkt.

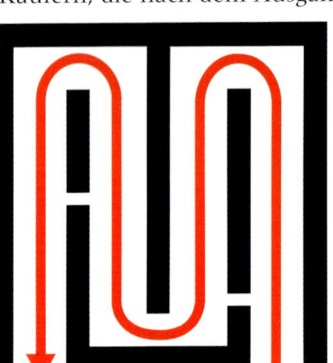

Abb. 1.8.   Zwangslauf mit Abkürzungen

Kreuzprinzip

Wird ein Laden nach dem Kreuzprinzip (auch grid layout genannt) geplant, so sind die Gänge nach einem repetitiven rechteckigen Muster angeordnet (siehe Abb. 1.9). Dies ist ein Geschäftslayout, das traditionellerweise bevorzugt von Supermärkten, Drogeriemärkten und Baumärkten eingesetzt wird. Ein Layout nach dem Kreuzprinzip bietet verschiedene Vorteile:

- Es erlaubt Konsumenten, ihren Einkauf schnell und effizient durchzuführen.
- Es erleichtert die Warenbewirtschaftung.[10]
- Die Verkaufsfläche wird effizient genutzt.
- Zur Warenpräsentation können preisgünstige, standardisierte Warenträger eingesetzt werden.[11]

Diesen Vorteilen steht gegenüber, dass nach dem Kreuzprinzip geplante Läden auf den Kunden nicht besonders attraktiv und interessant wirken. Das Kreuzprinzip kann steril und uninteressant erscheinen. Da die Gänge sehr eintönig aussehen, ist es für Konsumenten auch nicht besonders einfach, sich im Geschäft zu orientieren. Dieses Problem kann allerdings abgeschwächt werden, wenn ein geeignetes Kundenleitsystem eingeführt wird und Maßnahmen gesetzt werden, die den Käufern helfen, kognitive Landkarten im Kopf zu bilden (Näheres dazu in Kapitel 2).

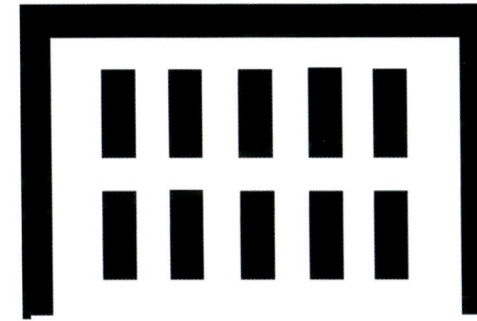

Abb. 1.9. Kreuzprinzip

Free-Form-Layout

In einem Free-Form-Layout sind die Gänge und Warenträger nicht in einem strengen Raster, sondern viel „lockerer" angeordnet. Dieses Layout hat zahlreiche Vorteile:[12]
- Die Ladenatmosphäre und das Einkaufserlebnis der Kunden werden verbessert; der Laden wirkt weniger steril und interessanter als ein Laden nach dem Kreuzprinzip.
- Die Kunden werden ermuntert, sich das Sortiment anzusehen.
- Die Kunden fühlen sich weniger in Eile und sind eher dazu animiert, ungeplante Käufe zu tätigen.

Wir haben auch herausgefunden, dass Kunden in Läden mit einem Free-Form-Layout im Gegensatz zu nach dem Kreuzprinzip gestalteten Läden häufiger ihre Einkaufswägen stehen lassen. Sie parken den Einkaufswagen, um sich Waren genauer anzusehen. Kunden, die ihren Einkaufswagen öfter abstellen, kaufen in der Folge auch mehr ein.[13]

Es gibt zahlreiche Möglichkeiten, ein Free-Form-Layout in einem Geschäftslokal umzusetzen. Zu den häufiger angewandten Varianten des Free-Form-Layouts zählen die folgenden:[14]

1. *Kojen-Layout*. Das Kojen-Layout (wird auch Nischen-Layout oder Shop-in-the-Shop-Layout genannt) ist wahrscheinlich das am häufigsten eingesetzte Free-Form-Layout. Es wird verwendet, um unterschiedliche Sortimentsbereiche im Geschäftslokal voneinander zu trennen. In einem Kojen-Layout wird jede Warengruppe in einem individuellen, halbseparaten Bereich präsentiert (siehe Abb. 1.10).

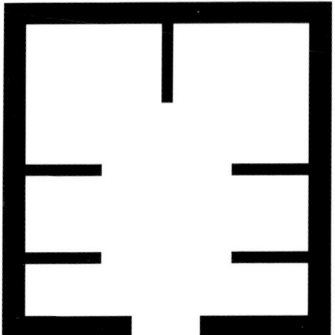

Abb. 1.10. Kojen-Layout

In jedem dieser Spezialbereiche werden passende Warenträger und Dekorationselemente eingesetzt, um die Thematisierung des Bereichs hervorzuheben.[15] Zum Beispiel kann es in einem Delikatessengeschäft ein Käseparadies, einen Weinkeller, eine Steinofenbäckerei, einen Obst- und Gemüsemarkt und Ähnliches geben. Die durch dieses Layout geschaffene Abwechslung stimuliert die Neugier der Käufer und ist gut dazu geeignet, ein eigenständiges Einkaufserlebnis zu schaffen. Die Verantwortung für das Design und die Möblierung des Shop in the Shop kann entweder beim Handel oder bei dem Hersteller, dessen Produkte im Shop verkauft werden, liegen. Ein Beispiel für eine vom Hersteller gebrandete Boutique findet sich in Abb. 1.11.

Händler sollten allerdings vorsichtig sein, wenn sie das Design des Shop in the Shop an Hersteller auslagern. Wie man manchmal in Kaufhäusern sehen kann, gehen die Käufer bisweilen von einem Branded Shop in den nächsten. Der Konsument besucht zunächst die Calvin-Klein-Boutique, dann den Ralph-Lauren-Shop, gefolgt von den Jones-New-York- und Tommy-Hilfiger-Shops. Die Gestaltung dieser Shops mag hervorragend sein und zum Kauf anregen. Dennoch kann die Corporate Identity des Kaufhauses dabei verloren gehen. Es stellt sich schließlich die Frage, wodurch sich das Einkaufserlebnis von Kaufhaus A von jenem in Kaufhaus B unterscheidet, wenn sich die von den Herstellern gestalteten Shops in the Shop nur unwesentlich voneinander unterscheiden.

Abb. 1.11. Ein von einem Hersteller gestalteter Shop in the Shop in einem Kaufhaus

2. *Sternförmiges Layout.* Bei diesem Layout werden die Gänge sternförmig angeordnet. Beispiele für dieses Layout finden sich in Parfümerien, Modegeschäften und Juwelieren (siehe Abb. 1.12). Das sternförmige Layout kann spektakulär aussehen und eignet sich daher für die erlebnisorientierte Gestaltung des Ladens. Allerdings ist es unseren Erfahrungen nach für den Kunden nicht sehr orientierungsfreundlich.

Abb. 1.12. Sternförmiges Layout in einem Juweliergeschäft

3. *Arena-Layout.* Geschäftslokale, die nach dem Arena-Layout gestaltet sind, gleichen Amphitheatern. Oft sind die im rückwärtigen Teil des Geschäfts platzierten Regale höhere als jene im Vorderbereich und stehen unter Umständen sogar auf einem Podest. Das Arena-Layout erlaubt es den Kunden, einen großen Teil des Sortiments sofort nach Betreten des Verkaufsraumes zu sehen. Sofern die hinteren Regale auf Podesten stehen, sollte auf die behindertengerechte Ausführung (Rampen statt oder zusätzlich zu Stufen) geachtet werden. Arena-Layouts finden sich in Buchläden, aber auch in manchen Modegeschäften.

Unterschiedliche Layouts können auch kombiniert werden. Eine internationale Supermarktkette hat beispielsweise das klassische Layout nach dem Kreuzprinzip, das sich häufig in Supermärkten findet, mit einem Free-Form-Layout kombiniert (siehe Abb. 1.13). Vielleicht haben Sie schon von der Theorie der beiden Gehirnhälften gehört, auf die sich dieses Layout implizit bezieht. Unser Gehirn besteht aus zwei Hemisphären. Auch wenn dies neueren Forschungsergebnissen zufolge eine etwas zu starke Generalisierung darstellt, so scheinen die beiden Gehirnhälften doch tendenziell für unterschiedliche Aufgaben zuständig zu sein. Demnach ist die linke Gehirnhälfte eher für lineares, rationales Denken zuständig, die rechte Gehirnhälfte scheint hingegen eine wichtige Rolle für die Kreativität zu spielen. In Anlehnung daran ist dieses kombinierte Supermarkt-Layout ebenfalls in zwei Hemisphären unterteilt.

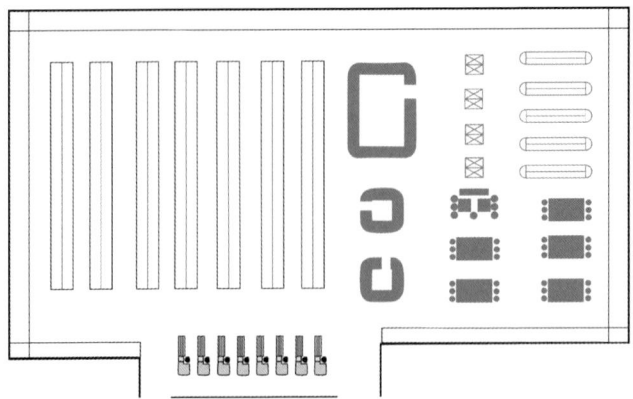

Abb. 1.13. Kombiniertes Layout: funktionales Einkaufen links, hedonisches Einkaufen rechts

Auf der linken Seite des Geschäfts (die etwa die Hälfte der Gesamtfläche einnimmt) sind die „langweiligen" Produkte wie Tiefkühlnahrung, Müllsäcke und Reinigungsmittel nach dem Kreuzprinzip angeordnet. Auf der rechten Seite des Geschäfts kommt hingegen ein Free-Form-Layout zur Anwendung. Dieser Teil des Geschäftslokals sieht aus wie ein üppiger Markt, und hier werden Obst und Gemüse, Wein, Käse und Feinkostprodukte verkauft. Anders als die funktionale linke Seite des Verkaufslokals wendet sich die rechte Seite des Layouts an hedonische Käufer, die gerne aus der Fülle der angebotenen Köstlichkeiten auswählen.

Der Loop: Den Kunden durch das Geschäft leiten

Wäre es nicht schön, wenn Sie Ihre Kunden an der Hand nehmen und jeden einzelnen von ihnen durch das Geschäft führen könnten, während Sie ihnen all die großartigen Produkte zeigen, von denen Sie gerne hätten, dass sie gekauft würden? Allerdings sind wohl die wenigsten Leute davon begeistert, wenn sie ein Fremder an der Hand nimmt und durch ein Geschäft schleppt. Es gibt jedoch eine andere Möglichkeit, um ein ähnliches Resultat zu erzielen: Lassen Sie das Geschäftslokal für Sie arbeiten. Schaffen Sie einen zentralen Weg, der die Kunden durch das Geschäft leitet und sie auf viele verschiedene Abteilungen und Sortimentsbereiche aufmerksam macht. Wie die kleine Dorothy, die im berühmten Film „Der Zauberer von Oz" dem mit gelben Ziegeln gepflasterten Weg die ganze Strecke bis zu ihrem Ziel, der Emerald City, folgt, so werden Ihre Kunden diesen Hauptweg im Geschäft vom Eingang bis zur Kasse auf der von Ihnen vorgegebenen Route folgen.

In einem Verkaufsraum wird der „gelbe Ziegelweg" Loop genannt. Zwar werden von einigen Autoren Verkaufsräume, die einen Loop beinhalten, als eine eigene Art des Layouts betrachtet (Racetrack-Layout genannt). Wir sind jedoch der Meinung, dass ein Loop in den meisten Layouts implementiert werden kann (und soll), in manchen Geschäften eben stärker sichtbar, in anderen hingegen weniger ausgeprägt. So könnte beispielsweise in einem Modegeschäft ein sehr stark prononcierter Loop durch den Laden führen, in einem Lebensmittelgeschäft hingegen ein etwas dezenterer Kundenhauptweg. Bei der Planung des Layouts sollte aber immer ganz klar sein, über welchen Hauptweg Kunden durch das Geschäft gehen sollten, wenn sie das Sortiment erkunden. Loops sind vor allem in größeren Geschäftslokalen mit über 500 m^2 sinnvoll, da es in großen Geschäften schwieriger ist, Kunden dazu anzuregen, verschiedene Bereiche des Geschäfts zu erkunden, als in kleinen Läden.[16]

Der Loop muss klar sichtbar sein und den Kunden kommunizieren, dass er die beste und einfachste Möglichkeit bietet, den Laden zu durchqueren. Der Loop kann auf verschiedene Weise sichtbar gemacht werden:

- Der Loop kann durch eine unterschiedliche Bodenfarbe hervorgehoben werden.
- Kunden können durch zusätzliche Beleuchtung entlang des Loops geleitet werden.
- Der Loop kann durch einen unterschiedlichen Bodenbelag akzentuiert werden.

In einigen Geschäften findet man Loops, die durch Linien am Boden begrenzt sind. Diese kennzeichnen den Loop deutlich und verhindern auch, dass das Verkaufspersonal Waren auf Bodenflächen stellt, die für den Loop reserviert sind. Dennoch empfehlen wir diese Vorgangsweise nicht, da die Linien von Kunden als psychologische Barriere empfunden werden könnten. Schließlich sollte der Loop die Kunden zwar durch das Geschäft führen, diese sollten sich aber nicht durch den Loop eingeschränkt fühlen und den Loop auch immer wieder verlassen, um Produkte in anderen Bereichen des Geschäfts zu erkunden.

Es reicht nicht, den Loop sichtbar zu machen. Wenn Sie sicherstellen möchten, dass Ihre Kunden dem Loop den ganzen Weg durch das Geschäft folgen, ist es notwendig, entlang des Loops Focus Points zu platzieren (Abb. 1.14). Diese sind im Wesentlichen auffällige Wahrzeichen, welche die Aufmerksamkeit von Kunden anziehen. Immer wenn ein Konsument einen Focus Point erreicht, sollt ein anderer Focus Point bereits wieder im Sichtfeld sein. In gewisser Weise sollten Sie die Kunden ständig dafür belohnen, dass sie dem Loop folgen, indem es entlang des Weges immer wieder etwas Interessantes zu sehen gibt. Wenn dies konsequent durchgezogen wird, stellen die Focus Points wie im Märchen von Hänsel und Gretel gewissermaßen die Brotkrumen dar, welchen die Käufer nachgehen – den ganzen Weg durch das Geschäft bis zur Kasse.

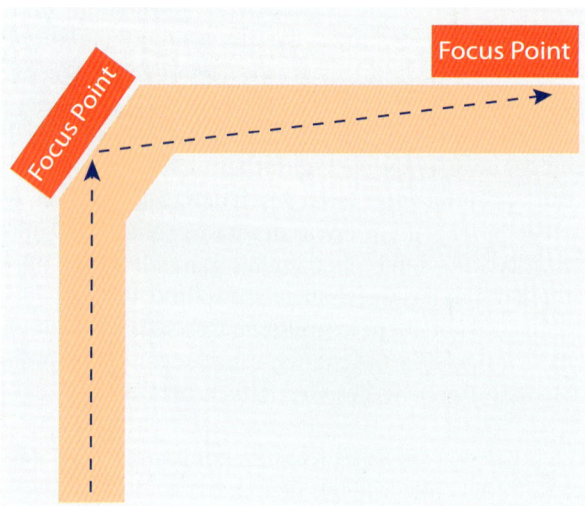

Abb. 1.14. Focus Points entlang des Loops leiten den Kunden

Wo Sie Waren platzieren sollten und wie Konsumenten nach Produkten suchen

Stellen Sie sich vor, Sie gehen gerade gemütlich in einem Kaufhaus einkaufen. Plötzlich begegnen Sie einem ansonsten normal aussehenden Menschen mit einem sonderbaren auf einer Baseballkappe montierten Gerät (siehe Abb. 1.15). Ein Kabel läuft von dem Gerät zu einem Rucksack, den der Fremde auf seiner Schulter trägt. Was auf den ersten Blick wie ein Außerirdischer aussehen mag, ist in Wirklichkeit eine Versuchsperson, die uns dabei hilft, zu untersuchen, wohin Konsumenten während des Einkaufens schauen. Das Gerät, das er trägt, ist eine Augenkamera, auch Eyetracker genannt. Es zeichnet präzise die Augenbewegungen des Konsumenten auf. Die Augenbewegungen werden dann auf einem im Rucksack befindlichen Laptop über ein gleichzeitig mitgefilmtes Video des Geschäftslokals aus dem Blickwinkel des Konsumenten gelegt.

Abb. 1.15. Eine Versuchsperson mit einer Augenkamera

Ein Eyetracker zeichnet sowohl die Augenbewegungen der Person (Sakkaden genannt) auf als auch wenn das Augen auf einem bestimmten Punkt verharrt (die sogenannten Fixationen). Unsere Augen bewegen sich sehr schnell und scannen die Umgebung ständig nach neuen visuellen Informationen. Während sich das Auge bewegt, ist die Person praktisch blind, das heißt, keine Informationen werden aufgenommen. Wir bemerken dies jedoch wegen der hohen Geschwindigkeit, mit der sich das Auge bewegt, nicht. Sakkaden dauern nur 20 bis 40 Millisekunden! Es sind die Fixationen, für die sich Konsumentenforscher besonders interessieren. Wenn das Auge mindestens ¼ bis ½ Sekunde auf eine Stelle fixiert, verarbeitet das Gehirn die vom Auge übermittelten Informationen.[17] Die Messung dieser Fixationen erlaubt es uns, festzustellen, welche visuellen Stimuli im Geschäft die Aufmerksamkeit erregen und behalten. In Abbildung 1.16 sehen Sie den Gaze Path (eine visuelle Darstellung der Augenbewegungen und Fixationen), während der Kunde im Regal nach einem Putzmittel sucht. Die Kreise stellen die Fixationen dar. Größere Kreise stellen eine längere Fokussierung auf einen visuellen Stimulus (z.B. ein bestimmtes Produkt) dar als kleinere Kreise. Der fett umrahmte Kreis zeigt die derzeitige Fixation des Kunden.

Abb. 1.16. Blickverlauf eines Kunden bei der Suche nach einem Produkt im Regal

Natürlich schauen nicht alle Kunden beim Einkaufen immer auf die gleichen Stellen im Geschäft. Konsumentenforscher wissen schon seit langem, dass die individuellen Unterschiede von Konsumenten und vor allem ihre unterschiedlichen Interessen beeinflussen, welchen Reizen sie Aufmerksamkeit schenken und welchen nicht. Trotzdem geben uns Eyetracking, aber auch traditionelle Methoden der Marktforschung, bei denen Konsumenten im Verkaufsraum beobachtet werden, wertvolle Hinweise darauf, was die Aufmerksamkeit von Konsumenten anzieht.

Regalzonen: Was auf Augenhöhe ist, wird auch gekauft

Im amerikanischen Einzelhandel (und nicht nur dort) gilt die Devise: Eye level is buy level – was auf Augenhöhe ist, wird auch gekauft. Auch wenn dies beinahe ein Klischee ist, so stimmt es doch. Produkte, die auf Augenhöhe der Kunden platziert werden, verkaufen sich tendenziell besser als solche die auf anderen Höhen im Regal stehen, weil Produkte auf Augenhöhe mehr beachtet werden als Produkte, die sich entweder darunter oder darüber befinden. Dieses Prinzip ist so wirksam, dass Sie es sogar in Ihrem eigenen Kühlschrank anwenden können! Ernährungsexperten empfehlen, gesunde Nahrungsmittel auf Augenhöhe im Kühlschrank zu lagern.[18] Wenn Sie also das nächste Mal die Türe zu Ihrem Kühlschrank öffnen, dann werden die strategisch platzierten Brokkoli sofort Ihre Aufmerksamkeit erhaschen (noch bevor sich Ihre Augen den Cupcakes oder der Sahnetorte am Regal darunter zuwenden). Kehren wir jedoch in das Geschäft zurück und schauen wir uns an, wie Experten Regalflächen in vier klar voneinander abgegrenzte vertikale Zonen unterteilen (Abb. 1.17):

- *Streckzone* (> 1,80 m). Die ist eine der weniger wertvollen Regalzonen. Regale in der Streckzone werden von Konsumenten relativ wenig beachtet. Außerdem sollten nur leichte Produkte in dieser Zone platziert werden, um mögliche Verletzungen zu vermeiden. In einigen modernen Warenträgern befinden sich überhaupt keine Regale mehr in der Streckzone. Diese Entscheidung hat den Vorteil, dass das Geschäft luftig und weniger überfüllt erscheint. Da die Regale niedriger sind, wird die Sicht der Kunden nicht blockiert. Dies kann Kunden auch dazu veranlassen, den hinteren Teil des Geschäfts aufzusuchen. Trotz dieser Entwicklungen finden sich in vielen Geschäften immer noch hohe Regale, weil der Bereich über der Streckzone als Lagerfläche verwendet wird.

- *Sichtzone auf Augenhöhe* (1,20–1,50 m). Kunden können nur das kaufen, was sie sehen, und was sich in ihrem Blickfeld befindet, erhält die größte Aufmerksamkeit. Sachverständige Händler wissen schon seit langem, dass sich Produkte auf Augenhöhe am besten verkaufen. Diese Annahme wurde auch durch auf Eyetracking basierende Studien bestätigt. So hat sich etwa in einer Studie gezeigt, dass Produkte auf Augenhöhe um 35% größere Aufmerksamkeit erhalten als jene auf einem niedrigeren Regal.[19] Diese Ergebnisse korrespondieren mit unseren eigenen Beobachtungsstudien in Geschäften. Allerdings sollte darauf hingewiesen werden, dass die Augenhöhe von 1,20–1,50 m nur eine Annäherung ist. Das periphere Blickfeld erstreckt sich 30° vom zentralen Fokuspunkt in alle Richtungen.[20] Dementsprechend ist die Blickzone auf Augenhöhe umso größer, je weiter der Konsument vom Regal entfernt steht. Bei Produkten, die sich an Kinder richten, ist natürlich von einer niedrigeren Augenhöhe auszugehen. Dennoch gelten die grundsätzlichen Ergebnisse auch für Kinder. Wie eine unserer Untersuchungen zeigt, wenden sich Kinder wesentlich häufiger mit Kaufwünschen an ihre Eltern, wenn sich die Produkte auf Augenhöhe des Kindes befinden.[21] Generell ist die Sichtzone der ideale Regalplatz für Produkte mit einer hohen Gewinnspanne.

- *Greifzone* (0,90–1,20 m). Die Greifzone befindet sich ungefähr auf Bauchhöhe des Kunden. Produkte, die in dieser Zone platziert sind, werden mehr beachtet als Produkte in der Streck- und Bückzone, aber sie erhalten etwas weniger Aufmerksamkeit als Waren in der Blickzone. Dennoch ist auch dies eine bevorzugte Zone für Produkte mit hoher Gewinnspanne.

● *Bückzone* (< 0,90 m). Kunden bücken sich nicht gerne oder – im Fall von älteren oder behinderten Personen – können sich oft gar nicht bücken. Darüber hinaus ist die Bückzone normalerweise auch nicht im Blickfeld während des Gangs durch das Geschäft. Dementsprechend ist die Bückzone als eine recht verkaufsschwache Zone anzusehen, in der Produkte mit geringer Gewinnspanne ihr Dasein fristen. Schwere Produkte sollten ebenfalls in der Bückzone platziert werden, einerseits aus Sicherheitsgründen und andererseits, um den Kunden den Einkauf zu erleichtern.

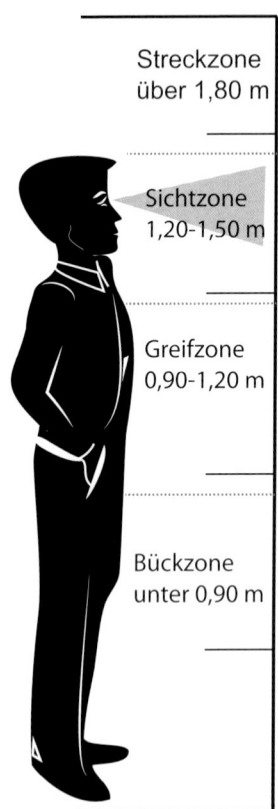

Abb. 1.17. Die vier vertikalen Regalzonen

Wir möchten darauf hinweisen, dass die Platzierung von Produkten in unterschiedlichen vertikalen Regalzonen nicht nur die visuelle Wahrnehmung beeinflusst. Es gibt Erkenntnisse, dass Konsumenten Produkte auch unterschiedlich bewerten, je nachdem, auf welchem Regal diese sich befinden. Wie Sie bereits wissen, erhalten Produkte in der Blickzone und der Greifzone mehr Aufmerksamkeit als Produkte in den Regalen darunter oder darüber. Diese beiden Zonen differieren aber auch insofern, als Konsumenten Marken, die sich in diesen Regalzonen befinden, unterschiedlich bewerten.

In einem Experiment hat sich gezeigt, dass Produkte auf den höheren Regalen (Blickzone) besser bewertet wurden als Produkte auf den niedrigeren Regalen (Greifzone), unabhängig von den eigentlichen Marken.[22] Offenbar haben Konsumenten mit der Zeit (implizit) gelernt, dass der Handel Top-Marken häufig auch die Top-Positionen im Regal gibt.

An dieser Stelle fragen Sie sich vielleicht, ob es auch eine optimale horizontale Regalzone gibt. Immerhin wäre es nützlich zu wissen, ob Produkte mehr Aufmerksamkeit erhalten, wenn sie nahe der Mitte oder aber an den Rändern des Regals platziert werden. Regale lassen sich tatsächlich auch in horizontale Zonen einteilen. Produkte in der Mitte des Regals scheinen von Kunden am meisten beachtet zu werden.[23] Diese Platzierung geht allerdings davon aus, dass der Käufer direkt vor der Mitte des Regal steht, was häufig nicht der Fall sein wird. Auch wenn Konsumenten in bestimmten Situationen Produkte in der Mitte des Regals mehr beachten, so scheint doch viel davon abzuhängen, wo im Laden sich das Regal befindet und aus welcher Richtung sich die Kunden dem Regal nähern. Zum Beispiel gehen Kunden selten die ganze Länge eines Ganges entlang (vor allem wenn der Gang sehr lang ist). Vielmehr betreten sie den Gang, suchen nach einem bestimmten Produkt und verlassen den Gang dann an der Stelle, an der sie ihn betreten haben. Wenn viele Kunden den Gang aus derselben Richtung betreten, sind Regale am Beginn des Gangs ausgezeichnete Verkaufsflächen, weil an diesen Regalen besonders viele Kunden vorbeikommen und dementsprechend auch die auf diesen Regalen platzierten Produkte häufiger bemerken.

Wie Kunden nach Produkten im Regal suchen

Wie wir gesehen haben, ist der beste Regalplatz nicht so einfach zu bestimmen. Wir wissen jedoch, wie Kunden nach Produkten auf den Regalen suchen. Vorwiegend suchen Konsumenten horizontal.[24] Stellen Sie sich einen Konsumenten vor, der auf einem Regal nach AAA-Batterien sucht (siehe Abb. 1.18). Typischerweise wird dieser Konsument das Regal zunächst horizontal absuchen, während er den Gang entlanggeht: Glühbirnen ... Verlängerungskabel ... Ladegeräte. Na endlich! Batterien. Erst nachdem er die Batterien identifiziert hat, wird er damit beginnen, im Regal vertikal nach der von ihm gesuchten Marke zu suchen.

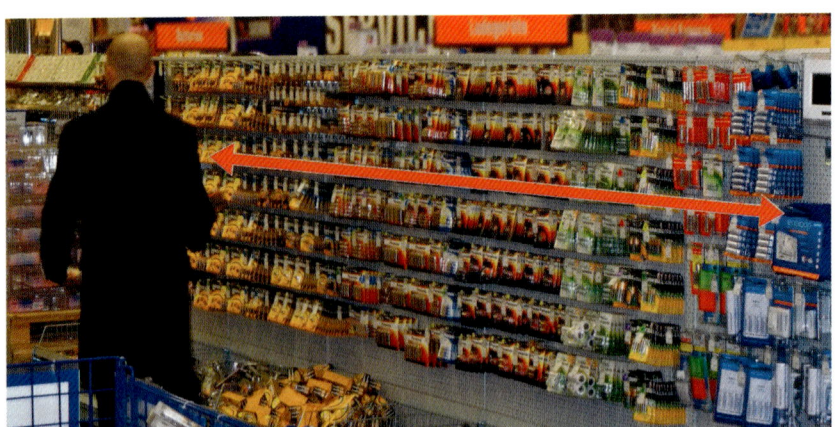

Abb. 1.18. Kunden suchen in Regalen vorwiegend horizontal

Diese Sequenz – zunächst horizontale Suche nach Warengruppen, dann vertikale Suche nach spezifischen Marken oder Produkten – hat wichtige Implikationen dafür, wie Waren im Regal angeordnet werden sollten. Um die Warenplatzierung optimal nach dem Suchverhalten der Konsumenten auszurichten, sollten Produkte in vertikalen und nicht in horizontalen Blöcken angeordnet werden. Wenn Produktblöcke horizontal angeordnet werden, haben Konsumenten oftmals Probleme, die von ihnen gewünschten Produkte zu finden. Stellen Sie also nicht Fotoapparate auf das oberste Regal, Videokameras darunter usw. Gruppieren Sie die Produkte vielmehr in vertikalen Blöcken: ein vertikaler Block für Fotoapparate, links oder rechts daneben ein weiterer vertikaler Block für Videokameras usw. (siehe Abb. 1.19).

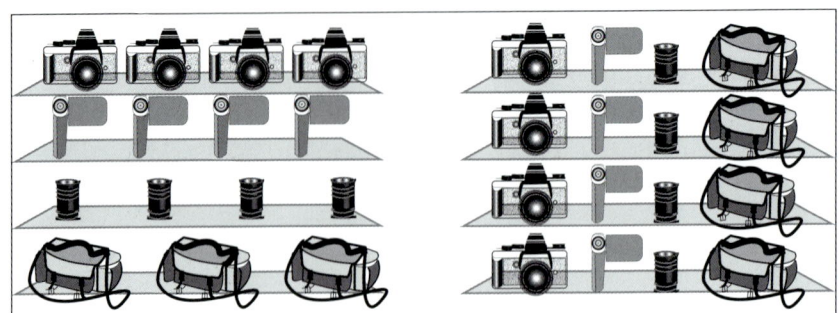

Abb. 1.19. Horizontale Blockbildung (links) und vertikale Blockbildung (rechts)

Sehen Sie sich Abb. 1.20 an. Auf diesem Regal für Rasierzubehör müssten die Käufer zunächst vertikal suchen, um die von ihnen gewünschte Produktgruppe zu finden, weil die verschiedenen Arten von Rasierzubehör horizontal und nicht vertikal angeordnet sind. Da Konsumenten vorwiegend horizontal suchen (bis sie die gewünschte Produktkategorie finden), werden viele Schwierigkeiten damit haben, zu finden, was sie suchen und die Suche womöglich abbrechen.

Abb. 1.20. Wenn Produktkategorien horizontal gruppiert werden, erschwert dies die Suche

Vertikale Blöcke lassen sich auf zwei Arten bilden:
1. Produktblöcke. Waren werden nach Produktkategorien gruppiert. Zum Beispiel, ein vertikaler Block umfasst Seifen, ein anderer Shampoos.
2. Markenblöcke. Waren werden nach Marken gruppiert. Zum Beispiel, ein vertikaler Block umfasst alle Produkte der Marke Ivory, ein anderer jene der Marke Dove und der dritte alle Palmolive-Produkte.

In einem Geschäft befinden sich natürlich nicht nur Regale, sondern auch andere Warenträger und Displays, auf die Konsumenten schauen. In einer Studie wurde untersucht, welcher Prozentsatz von Konsumenten die verschiedenen Arten von Warenträgern und In-Store-Medien beachtet.[25] Die Ergebnisse waren wie folgt:
- Gondelköpfe (Präsentationsflächen für Produkte an der Schmalseite von Regalen): 100%
- Freistehende Verkaufsständer/Displays: 100%
- Schütt- oder Wühlkörbe: 97%
- Werbeflächen im Regal: 62%
- Am Regal angebrachte Gutschein-Spender: 50%

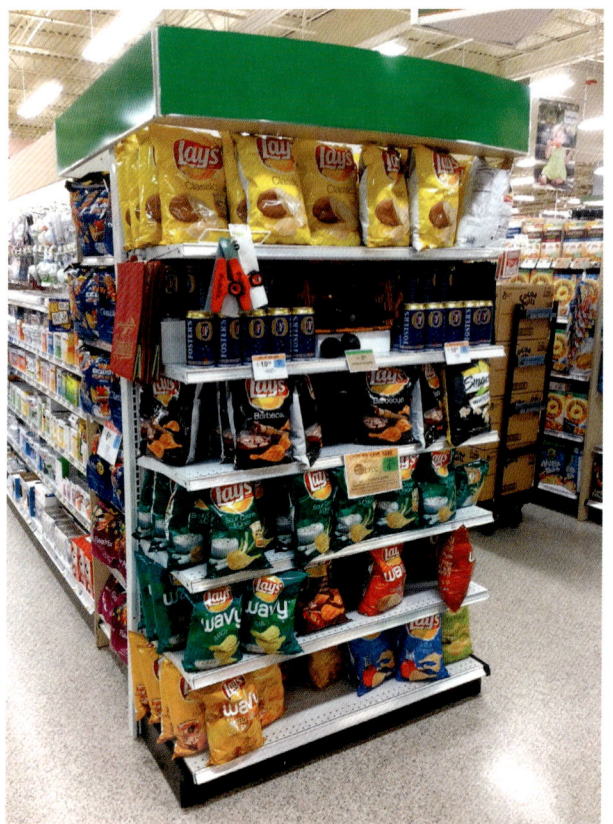

Abb. 1.21. Ein Gondelkopf in einem Supermarkt

Wie Sie sehen können, werden Gondelköpfe (auch „end caps" genannt) von praktisch allen Kunden bemerkt (Abb. 1.21). Außerdem kam diese Studie zu dem Ergebnis, dass Gondelköpfe während eines Einkaufs häufiger wahrgenommen werden (im Durchschnitt 16-mal, im Vergleich dazu Verkaufsständer neunmal und Wühlkörbe viermal). Gondelköpfe sind also Bereiche im Laden, die von Kunden besonders beachtet werden, vor allem wenn sie sich im vorderen Bereich des Verkaufsraums nahe den Kassen befinden, wo besonders viele Kunden vorbeigehen.[26] Aus diesem Grund eignen sie sich besonders gut für Zweitplatzierungen.

In einer Zweitplatzierung werden besonders profitable Waren nicht nur an ihrem regulären Platz im Regal dargeboten, sondern auch ein zweites oder sogar drittes Mal an Plätzen im Laden, an denen sie von besonders vielen Kunden wahrgenommen werden. Vor allem Produkte, die das Potenzial haben, Konsumenten zu Impulskäufen zu „verleiten", werden in Gondelköpfen präsentiert. Zweitplatzierungen in einem Gondelkopf erhalten die größte Aufmerksamkeit, wenn sie nicht visuell überladen sind, wenn sie also nur einen kleine Anzahl von Produktlinien oder Marken enthalten.[27] Während des Einkaufs im Supermarkt mögen wir zwar penibel darauf achten, den Gang mit dem Salzgebäck zu vermeiden, um der Versuchung zu widerstehen, kalorienreiche Kartoffelchips zu kaufen. Allerdings ohne Erfolg, weil die Chips schon in einem Gondelkopf auf dem Weg in die Gemüseabteilung auf uns warten.

Wenn Sie aber unbedingt wollen, dass wir die Kartoffelchips in Ihrem Geschäft kaufen, dann lassen Sie uns (ein wenig unwillig) auch noch das Geheimnis einiger anderer verkaufsstarker Zonen mit Ihnen teilen:

- der Wartebereich vor den Kassen
- Wühlkörbe direkt im Gang, die den Weg des Kunden (zumindest einen Moment lang) blockieren
- die Bereiche neben Aufzügen und Rolltreppen, in denen Kunden warten

Stellen Sie nur sicher, dass Sie die Kartoffelchips (und andere Produkte, die wir kaufen sollten) nicht in Bereichen platzieren, die Konsumenten vermeiden: enge Gänge, tote Ecken – auch wenn es verlockend sein mag, freie Flächen zu füllen – und niemals nach der Kasse. Nur Ladendiebe beachten Produkte, die nach der Kasse platziert sind.

Das Wichtigste in Kürze

Hier sind die wichtigsten Erkenntnisse aus diesem Kapitel kurz zusammengefasst:

- Um ein optimales Geschäftslayout zu planen, müssen Sie wissen, wie sich Konsumenten durch Ihren Laden bewegen.
- Auch wenn Läden unterschiedlich sind, so lassen sich doch generelle Muster identifizieren, wie sich Kunden im Verkaufsraum bewegen. Wenn Sie diese Verhaltensmuster bei der Planung des Geschäftslayouts berücksichtigen, erhöhen Sie die Zufriedenheit der Kunden und die Profitabilität des Geschäfts.
- Es lassen sich unterschiedliche Layouts realisieren. Wenn Sie eines dieser Layouts wählen, sollten Sie verschiedene Faktoren berücksichtigen: die Effizienz, die Orientierungsfreundlichkeit und das Potenzial eines Layouts, den Einkauf Ihrer Kunden interessant und vergnüglich zu machen.
- Ein Layout in Form eines Zwangswegs kann zu mehr Produktkontakten führen, seien Sie aber vorsichtig, die Kunden durch die strikte Vorgabe des Weges nicht zu verärgern. Subtilere Methoden zur Beeinflussung des Konsumentenverhalts sind oft wirksamer.
- Unabhängig vom gewählten Layout sollten Sie einen Hauptkundenleitweg (Loop) festlegen, den Ihre Kunden nehmen sollten. Dann überlegen Sie sich, wie Sie die Kunden dazu bringen, dem Loop durch den Laden zu folgen.

- Überlegen Sie sich, Eyetracking einzusetzen, um herauszufinden, worauf Kunden in Ihrem Laden genau schauen. Vergessen Sie niemals, dass Konsumenten nur das kaufen können, was sie sehen.
- Kunden suchen in Regalen vorwiegend horizontal. Dementsprechend sollen Produkte in vertikalen Blöcken gruppiert werden.
- Was auf Augenhöhe ist, wird auch gekauft. Optimieren Sie sowohl die vertikale als auch die horizontale Platzierung von Produkten im Regal.
- Platzieren Sie Produkte mit hohen Gewinnspannen in den verkaufsstärksten Zonen im Laden. Sie benötigen zwar ein volles Sortiment, damit Kunden Ihr Geschäft betreten. Sobald der Konsument jedoch den Laden betritt, sollten die profitabelsten Produkte am visuell auffälligsten sein, während Waren mit geringeren Spannen meist weniger auffällig präsentiert werden.
- Besonders profitable Waren oder Impulsartikel lassen sich in Zweit- oder Mehrfachplatzierungen präsentieren.

Kapitel 2

Wo bin ich? Die Orientierungsfreundlichkeit des Ladens verbessern

Eines der grundlegendsten Prinzipien der Ladengestaltung ist, dass sich Konsumenten Ordnung in ihrer Welt wünschen. Zwar erwarten sich Kunden auch freundliches Verkaufspersonal, eine ästhetisch ansprechende Gestaltung des Ladens und Ähnliches, all das ist jedoch von geringer Bedeutung, wenn sich der Kunde vom Geschäft überwältigt fühlt und sich nicht zurechtfindet. Genau das kann aber leicht passieren, da heutzutage die meisten Geschäfte Selbstbedienungsläden sind. Vor allem in großen Läden können sich Konsumenten leicht verirren. Stellen Sie sich nur große Verbrauchermärkte wie die Wal-Mart-Supercenters vor, deren durchschnittliche Verkaufsfläche bei über 18.000 m² liegt.[1] Auch in Europa erreichen Hypermärkte wie Carrefour mittlerweile diese Ausmaße. Solche riesigen Flächen in Läden und Einkaufszentren können recht einfach zur Verirrung und Verwirrung von Kunden führen. Allerdings können sich auch in kleineren Geschäften Konsumenten schnell verloren fühlen.

Wie sich Orientierungslosigkeit im Laden auswirkt

Die Kontrollüberzeugung einer Person gibt an, inwieweit eine Person glaubt, ihre Umwelt beeinflussen zu können oder von dieser beeinflusst zu werden. Eine Person mit stark ausgeprägter innerer Kontrollüberzeugung ist davon überzeugt, die Umwelt „im Griff zu haben". Personen mit äußerer Kontrollüberzeugung fühlen sich hingegen stärker von der Umwelt dominiert. Einerseits ist die Kontrollüberzeugung eine Persönlichkeitsvariable. Vielleicht kennen Sie Menschen, die man als „Anpacker" oder Kämpfernaturen bezeichnen kann. Dies sind Personen mit stark ausgeprägter innerer Kontrollüberzeugung. Allerdings können sich auch diese Leute hilflos fühlen, wenn sie sich in einer unbekannten oder verwirrenden Umgebung wiederfinden. Stellen Sie sich vor, Sie suchen spätnachts nach einem Motel in einem fremden Land, dessen Sprache Sie nicht sprechen. Auch wenn die Einkaufssituation weniger dramatisch ist, so kann sich ein Konsument in einem großen, unübersichtlichen Geschäft ähnlich verwirrt und desorientiert fühlen. Am häufigsten passiert dies, wenn Konsumenten längere Zeit nach einem bestimmten Produkt suchen und dieses nicht finden.

Wenn Konsumenten das Gefühl haben, keine Kontrolle mehr über ihre Umgebung zu haben, also etwa, weil sie sich im Laden nicht zurechtfinden, so kann das zu Ärger und extremer Unzufriedenheit mit dem Geschäft führen. Diese negativen Emotionen haben in weiterer Folge zahlreiche negative Auswirkungen auf das Konsumentenverhalten:

- Die Kunden verbringen weniger Zeit im Laden.
- Sie beurteilen die angebotenen Waren kritischer.
- Sie tätigen weniger ungeplante Käufe.
- Die Kundenbindung an das Geschäft wird negativ beeinflusst.

Es ist daher für den Handel essenziell, den Kunden die Orientierung im Laden zu erleichtern. In weiterer Folge werden Sie erfahren, wie man dies bewerkstelligen kann.

Kognitive Landkarten helfen Ihren Kunden bei der Orientierung

Wenn Sie die Orientierung Ihrer Kunden im Laden verbessern möchten, müssen Sie zunächst verstehen, wie Konsumenten ihre Umgebung „lesen" und welche Anhaltspunkte sie verwenden, um sich in einer Einkaufsumgebung zurechtzufinden. Lassen Sie uns also in das Gehirn des Käufers blicken. Menschen speichern mentale Repräsentationen ihrer Umgebung im Gehirn. Diese mentalen Repräsentationen werden kognitive Landkarten genannt.[2] Kognitive Landkarten unterscheiden sich jedoch erheblich von Straßenkarten oder Stadtplänen. Unser Gehirn speichert die Informationen, die wir benötigen, um uns zu orientieren, sehr selektiv. Was sind nun die Anhaltspunkte, die uns helfen, die Umgebung zu lesen?

Um das herauszufinden, ersuchte der Architekt und Stadtplaner Kevin Lynch Versuchspersonen in mehreren amerikanischen Städten, unter anderem Los Angeles und Boston, Pläne von ihren Städten zu zeichnen. Er fand dabei heraus, dass nur eine sehr geringe Anzahl von Anhaltspunkten regelmäßig in diese kognitiven Landkarten Eingang fanden. Diese waren Wege, Knotenpunkte, Bereiche, Begrenzungen und Wahrzeichen.[3] Das sind dieselben Anhaltspunkte, die Konsumenten verwenden, um sich in Läden und Dienstleistungsumgebungen zurechtzufinden. Lassen Sie uns einen genaueren Blick auf diese Strukturelemente kognitiver Landkarten werfen.

Wege

Wege sind die wesentlichen Verbindungen in einer Stadt, und auch im Handel oder im Dienstleistungsbereich haben sie die Aufgabe, den Konsumenten durch das Verkaufslokal zu führen. Um den Kunden die Orientierung zu erleichtern, müssen klar ersichtliche Wege durch das Verkaufslokal führen (siehe Abb. 2.1). Die Orientierung fällt leichter, wenn klar ersichtlich ist, was die Haupt- und was die Nebenwege sind.

Abb. 2.1. Ein klar sichtbarer, breiter Weg erhöht die
Übersichtlichkeit des Ladens

Knotenpunke

Knotenpunkte sind Plätze, an denen sich Personen versammeln. Oft entsteht dort ein Knotenpunkt, wo sich Wege kreuzen, zum Beispiel auf einem Dorfplatz. In einem Laden finden sich Knotenpunkte unter anderem an den Kreuzungen der Gänge.

Bereiche

Jede Stadt hat Viertel oder Bereiche, die eine eigene Atmosphäre haben. Denken Sie an Chinatown, das Rotlichtviertel und Ähnliches. Wenn Sie sich von einem Bereich in einen anderen begeben, merken Sie eine Veränderung. Die Gebäude sehen anders aus, die Straßen und Gassen sind enger, die Landschaftsgestaltung ändert sich. In einem Laden werden Teile des Geschäfts, in denen ähnliche Waren und Dekorationselemente zu finden sind, als Bereiche wahrgenommen und helfen damit den Kunden bei der Orientierung.

Grenzlinien

Grenzlinien sind Barrieren wie Flüsse, Zäune, Mauern und Eisenbahnschienen. Sie helfen Menschen dabei, ihren Weg durch die Stadt zu finden. In Läden finden Sie Grenzlinien, die verschiedene Abteilungen voneinander trennen, zum Beispiel die Musik- und Filmabteilung in einem Buchgeschäft. Konsumentenforscher haben herausgefunden, dass es Supermarktkunden leichter fällt, sich an den Regalplatz von Produkten zu erinnern, wenn sich diese an der Peripherie des Ladens, also nahe den Grenzlinien befinden anstatt in der Mitte des Geschäfts.[4] Dies ist in Abb. 2.2 ersichtlich, in der die Punkte Produkte symbolisieren, deren Standorte von den Kunden korrekt identifiziert wurden.

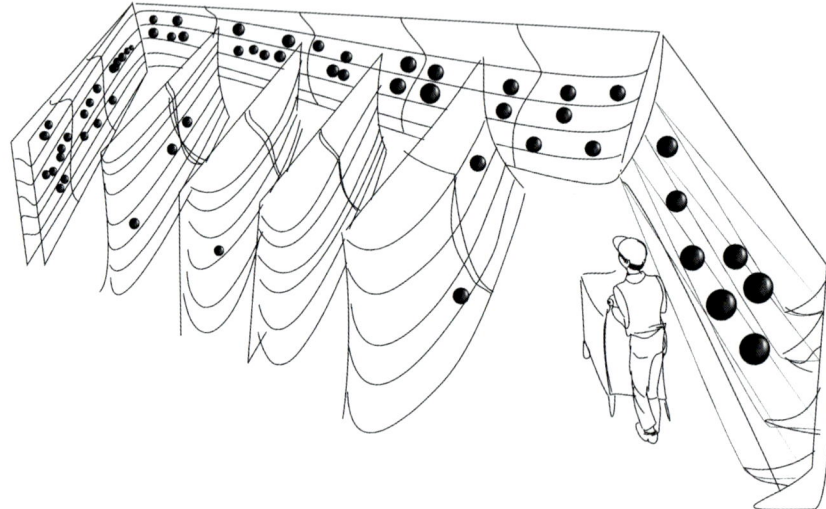

Abb. 2.2.   Kunden erinnern sich an Produkte in den äußeren Gängen besser als an Produkte, die in Gängen in der Mitte des Geschäfts zu finden sind

Wahrzeichen

Aspekte einer Umgebung, die durch ihre Größe oder besonderes Aussehen auffallen, werden Wahrzeichen (oder auch Merkzeichen) genannt. Wahrzeichen ziehen die Aufmerksamkeit auf sich und werden meist von vielen Menschen wiedererkannt.[5] Jede Stadt hat solche Wahrzeichen. In New York sind das etwa der Triumphbogen am Washington Square, die Freiheitsstatue, die Brooklyn Bridge und viele mehr. Wahrzeichen (kleineren Umfangs) lassen sich auch in Läden finden. So zum Beispiel der Springbrunnen in Abb. 2.3, der die Aufmerksamkeit von Konsumenten während des Gangs durch ein Modegeschäft auf sich zieht.

Abb. 2.3. Ein Springbrunnen dient als Wahrzeichen in einem Modegeschäft

Geschäfte und Dienstleistungsumgebungen können auch selbst Wahrzeichen sein, so wie der Tail o' the Pup Hotdog-Stand in Los Angeles. Dieser ist ein klassisches Beispiel der mimetischen Architektur der 1950er-Jahre und zieht aufgrund seiner Form die Aufmerksamkeit auf sich (Abb. 2.4).

Abb. 2.4. Ein Hotdog-Stand als auffälliges Wahrzeichen

Das Miteinbeziehen der Erkenntnisse über kognitive Landkarten kann die Orientierungsfreundlichkeit von Läden oder Dienstleistungsumgebungen deutlich verbessern und darüber hinaus auch das Einkaufserlebnis verbessern.[6] Das wissen die „Imagineers", welche die Themenparks der Walt Disney Corporation designen, schon lange. Können Sie alle Elemente kognitiver Landkarten in dieser Zeichnung (Abb. 2.5), die Disneys Magic Kingdom Themenpark darstellt, finden?

Abb. 2.5.   Im Magic Kingdom Themenpark in Walt Disney World lassen sich
sämtliche Elemente kognitiver Landkarten finden

Es gibt klar erkennbare Wege durch den Park. Der erste, Main Street USA, beginnt gleich am Eingang und führt uns in das Zentrum des Magic Kingdom, wo sich Cinderellas Schloss befindet, das wichtigste Wahrzeichen des Themenparks. Direkt vor dem Schloss ist einer von mehreren Hauptplätzen, ein Knotenpunkt. Von dort aus führen Wege in die einzelnen „Länder": Adventureland, Frontierland, Futureland usw. Jeder dieser Bereiche hat eine eigenständige Thematisierung und enthält ein Wahrzeichen, welches das jeweilige Land veranschaulicht und die Besucher weiter in den Park zieht. Wasserflächen werden dazu verwendet, um Bereiche voneinander abzugrenzen. Gemeinsam mit Hecken und Mauern stellen sie Grenzlinien dar, welche die Orientierungsfreundlichkeit des Parks weiter verbessern.

Die Disney-Themenparks sind ein Paradebeispiel für den Einsatz kognitiver Landkarten im Dienstleistungsbereich. Sehen wir uns jetzt an, wie wir die Erkenntnisse über kognitive Landkarten in einem Laden anwenden können. Wenn Sie die Prinzipien kognitiver Landkarten in der Ladengestaltung einsetzen möchten, gibt es einige Möglichkeiten:

- Zuallererst sollten Sie sicherstellen, dass der Laden durch klar sichtbare Wege erschlossen wird. Entfernen Sie sämtliches Durcheinander aus den Gängen. Wir haben viele Läden kennengelernt, in denen die Waren auf die Gänge „überquellen". Leider beeinträchtigt dies sehr stark die Orientierung und auch den Gehkomfort der Kunden im Geschäft. Ein Beispiel für dieses Problem sehen Sie in Abb. 2.6. Beachten Sie in diesem Bild auch die massiven Säulen, die sowohl den Gang als auch den Zugriff auf die Ware in den Regalen behindern. Für einen Markenartikelhersteller ist es sicher katastrophal, wenn seine Produkte sowohl hinter einer Säule als auch hinter anderen Waren platziert werden. Es stellt sich die Frage, ob dies wohl die Strafe für das Nichtbezahlen einer vom Händler verlangten Listungsgebühr oder einfach Ausdruck von Unachtsamkeit ist. Wenn Sie Gänge durch den Laden planen, achten Sie auch auf die Breite der verschiedenen Gänge. Die Gangbreite signalisiert den Kunden, welche Gänge die Hauptwege und welche die sekundären Routen sind.

Abb. 2.6. *Produktpaletten und Säulen blockieren die Sicht und den Zugriff auf die Waren im Regal*

- Gruppieren Sie ähnliche Waren und trennen Sie heterogene Waren. Das hilft den Konsumenten, die verschiedenen Teile des Ladens als zusammengehörige Bereiche wahrzunehmen, und damit wird wiederum die Orientierung verbessert. Bereiche lassen sich durch Regale, Bodenbeläge, Dekorationen und Farben bilden. Zum Beispiel könnte die Weinabteilung in einem Supermarkt durch Holzregale (anstatt der sonst im Laden verwendeten Metallregale) und einen Holzboden als eigenständiger Bereich geschaffen werden. In einem Buchgeschäft könnte die Kinderabteilung ebenfalls als eigener Bereich geschaffen werden, indem man eine hellere Farbpalette als im Rest des Geschäftes verwendet und Kindermöbel aufstellt.
- Wahrzeichen können in allen diesen Bereichen eingesetzt werden. Sie helfen den Kunden bei der Orientierung und bringen Konsumenten auch dazu, den Laden genauer zu erkunden, weil Konsumenten in einem Geschäft dazu tendieren, auf Wahrzeichen zuzugehen. Beispielsweise kann in der Obst- und Gemüseabteilung eines Supermarkts ein großer künstlicher Obstbaum aufgestellt werden, um als Wahrzeichen zu dienen. In einem Elektrogeschäft kann eine große Videowand den Käufern signalisieren, wo Fernsehgeräte verkauft werden. Wenn es schwierig ist, physische Wahrzeichen aufzustellen, können auch In-Store-Grafiken (also große Bilder) als Wahrzeichen fungieren. So etwa in einem Baumarkt (Abb. 2.7), in dem Bilder von Menschen, die verschiedene Heimwerkertätigkeiten ausüben, als Wahrzeichen eingesetzt werden.

Abb. 2.7.   Große Bilder können als Wahrzeichen dienen

Schilder und Leitsysteme leiten den Konsumenten durch den Laden

Die überlegte und kreative Implementierung der in kognitiven Landkarten vorkommenden Anhaltspunkte ist eine hervorragende Möglichkeit, um die Orientierung von Konsumenten im Geschäftslokal zu verbessern. Es gibt allerdings auch noch andere Maßnahmen, die Sie ergreifen können, um die Orientierungsfreundlichkeit zu verbessern, insbesondere Schilder und Orientierungskarten.

Nicht jede Art der Beschilderung funktioniert jedoch. Unklare und verwirrende Schilder behindern die Orientierung von Konsumenten, anstatt ihnen zu helfen. Gute Beschilderungssysteme weisen alle oder zumindest einige der folgenden Punkte auf.[7]

Sichtbarkeit

Schilder müssen sichtbar und auffällig sein. Auch wenn es aus architektonischer oder künstlerischer Sicht wünschenswert erscheinen mag, Schilder harmonisch in ihre Umgebung zu integrieren, so sind Schilder doch nur dann für den Konsumenten hilfreich, wenn sie klar und einfach gesehen werden. Es ist besonders wichtig, dass sich Schilder auf passender Höhe befinden, um von den Kunden bemerkt zu werden. Das zu hohe Anbringen von Schildern ist einer der häufigsten Fehler, die wir in den Geschäften, die wir analysieren, bemerken.

Überschaubare Anzahl

Weniger ist mehr! Dieser Spruch gilt eindeutig auch für Schilder. Zu viele Schilder können nämlich zur Informationsüberlastung führen. Sie sollten auch die Anzahl der Botschaften pro Schild limitieren. Idealerweise sollte jedes Schild nur eine Botschaft kommunizieren. Die Beschränkung der Anzahl an Schildern, die von einem Konsumenten in einer bestimmten Situation gesehen werden, und der Botschaften pro Schild ist wegen der extremen Kapazitätsengpässe des menschlichen Informationsverarbeitungssystems notwendig. Haben Sie schon von der magischen Zahl sieben gehört? Das ist in etwa die Anzahl der Informationen, die wir gleichzeitig in unserem Kurzzeitgedächtnis behalten können.[8] Aus diesem Grund sind auch die Telefonnummern in den Vereinigten Staaten sieben Stellen lang (abgesehen von der Vorwahl). Tatsächlich können viele Konsumenten sogar nur drei bis vier Informationen gleichzeitig in dem für das Denken zuständigen Kurzzeitgedächtnis behalten. Aus diesem Grund verwirren zu viele Schilder die Konsumenten, anstatt ihnen zu helfen (siehe Abb. 2.8).

Abb. 2.8. Zu viele Schilder überlasten die Informationsverarbeitung von Kunden

Lesbarkeit

Die Botschaft auf dem Schild muss einfach lesbar sein. Die Lesbarkeit wird durch die Distanz zwischen dem Konsumenten und dem Schild, die Beleuchtung, die verwendete Schriftart und den Kontrast zwischen der Hintergrundfarbe des Schildes und der Schrift beeinflusst. Es gibt einige Richtlinien, denen Sie folgen können, um Schilder für Kunden leichter lesbar zu gestalten:

- Serifenschriften (Schriften mit kleinen Häkchen an den Enden der Buchstaben) sind in Büchern und Zeitschriften leichter zu lesen, aber auf Schildern sind serifenlose Schriften besser lesbar (siehe Abb. 2.9).
- Eine Mischung aus Groß- und Kleinbuchstaben ist besser lesbar als ein Text, der nur aus Großbuchstaben besteht. Wenn Groß- und Kleinbuchstaben im Text verwendet werden, können selbst Personen mit leichten Sehbehinderungen oder Lernschwächen die Wörter an ihrer Form erkennen. Für Schilder mit nur einem Wort (AUSGANG, TOILETTEN) ist die Schreibweise mit Großbuchstaben jedoch akzeptabel.[9]
- Die Farbe des Textes und der Hintergrund beeinflussen ebenfalls die Lesbarkeit: Schwarze Schrift auf gelbem oder weißem Hintergrund ist am besten lesbar.[10] Unabhängig von der verwendeten Farbe ist ein starker Kontrast zwischen der Schriftfarbe und der Hintergrundfarbe essenziell für die Lesbarkeit von Schildern.

Serifenlose Schrift	Serifenschrift
Umkleidekabine	Umkleidekabine
Umkleidekabine	Umkleidekabine
Umkleidekabine	Umkleidekabine

Abb. 2.9. Beispiele für serifenlose Schriften und Serifenschriften. Auf Schildern sind serifenlose Schriften besser lesbar

Verständlichkeit

Auch wenn Schilder sichtbar und lesbar sind, so sind sie immer noch nicht hilfreich für die Kunden, wenn die Kunden die Botschaft nicht verstehen. Die mangelnde Verständlichkeit kann in der Sprache begründet sein, in der die Schilder geschrieben sind. Aus diesem Grund sind in den USA in Gegenden mit einem großen Anteil von Hispanics an der Gesamtbevölkerung Schilder häufig bilingual in Englisch und Spanisch. Im nördlichen Vermont und in New Hampshire sind Schilder aufgrund der Nähe zur französischsprachigen kanadischen Provinz Quebec oft in Englisch und Französisch verfasst. Auch in Europa werden in Geschäften, zu deren Zielgruppen auch Migranten zählen, verstärkt zweisprachige Schilder verwendet.

Bei der Erstellung von Schildern sollten auch Analphabeten und funktionale Analphabeten berücksichtigt werden. Schätzungen zufolge sind 20% der amerikanischen Bevölkerung funktionale Analphabeten. In Deutschland sind dies immerhin mehr als 14%.[11] Das Lesevermögen dieser Personen ist stark eingeschränkt (unter jenem von Schülern der 5. Schulstufe). Dementsprechend sollten auf Schildern in Läden und in Dienstleistungsbetrieben so weit wie möglich einfache Wörter verwendet werden, und – wie wir später sehen werden – es ist grundsätzlich ratsam, den Text mit korrespondierenden Bildern zu ergänzen.

Farbkodierung ist eine weitere Methode, die verwendet wird, um Schilder verständlicher zu machen. Verschiedene Farben können helfen, verschiedene Bereiche eines Ladens oder einer Dienstleistungsumgebung zu identifizieren oder bestimmte Schilder besonders hervorzuheben. Zum Beispiel sind in vielen Flughäfen alle Schilder, die zum Ausgang führen, grün, jene Schilder, die zu den Flugsteigen führen, hingegen gelb.

Natürlich stellen die Kosten bei der Erstellung eines Beschilderungs- oder

Leitsystems einen wesentlichen Faktor dar. Vor allem sollte ein Leitsystem flexibel sein. Wenn sich Teile eines Geschäfts oder eines Sortimentsbereichs ändern, sollte es möglich sein, die entsprechenden Schilder ohne erhebliche Kosten auszutauschen oder anzupassen. Flexibilität ist besonders im Dienstleistungsbereich besonders wichtig. Zum Beispiel ist es in einem Kino oder Konferenzzentrum notwendig, die Schilder, die Kunden in verschiedene Räume zu unterschiedlichen Filmen oder Vorträgen führen, einfach und schnell ändern zu können.[12] Aus diesem Grund sind für solche Anwendungen elektronische Schilder mittlerweile weit verbreitet. Aber auch im Handel erfreuen sich digitale Schilder, insbesondere zur Preisauszeichnung, zunehmender Beliebtheit.

Abb. 2.10. Kombination von Text und Bild auf einem Schild

Wir entdeckten ein weiteres wichtiges Prinzip für die Erstellung von Kundenleitsystemen, als wir eine Studie durchführten, um das Orientierungssystem einer großen Supermarktkette für ältere Konsumenten zu optimieren. In diesem Experiment ersuchten wir Senioren, nach einigen Produkten im Markt zu suchen, und wir maßen, wie lange sie dafür benötigten. Um ihre Aufgabe zu erleichtern, hängten wir über jedem Gang Schilder auf, die sowohl eine verbale Beschreibung der im Gang zu findenden Produkte als auch das Bild eines typischen Produktes enthielten. Zum Beispiel war auf einem Schild „Snacks" zu lesen und gleichzeitig eine Packung Kartoffelchips zu sehen. Wir bemerkten, dass die Senioren die Produkte deutlich schneller fanden, wenn die Informationen auf den Schildern sowohl verbal als auch bildlich dargestellt waren, als wenn traditionelle Schilder nur mit Text eingesetzt wurden. Besonders interessant war aber, dass sich die Schilder mit Text und Bildern auch bei jüngeren Konsumenten als vorteilhaft erwiesen. Diese Ergebnisse lassen sich durch die Theorie der dualen Kodierung erklären: Konsumenten fallen die Verarbeitung und das Abrufen von Reizen aus dem Gedächtnis leichter, wenn die Reize sowohl verbal als auch bildlich präsentiert werden.[13] Tatsächlich sind Bilder in mehrerer Hinsicht Schildern mit Text überlegen, da sie einfacher wahrgenommen, verarbeitet und aus dem Gedächtnis abgerufen werden.[14] Dementsprechend macht es Sinn, Bilder, so wie in Abb. 2.10 ersichtlich, in das Leitsystem des Verkaufsraums zu integrieren.

Orientierungspläne

Orientierungs- oder Übersichtpläne helfen den Kunden, sich zurechtzufinden. Die Art von Plan, die man in Läden, Einkaufszenten und Dienstleistungsumgebungen am häufigsten findet, ist die You-are-here-Map. Diese Übersichtspläne stellen die Umgebung dar, in der sich der Konsument gerade befindet. Ein Pfeil oder Kreis zeigt die genaue Position an. Ein Beispiel dafür ist in Abb. 2.11 dargestellt.

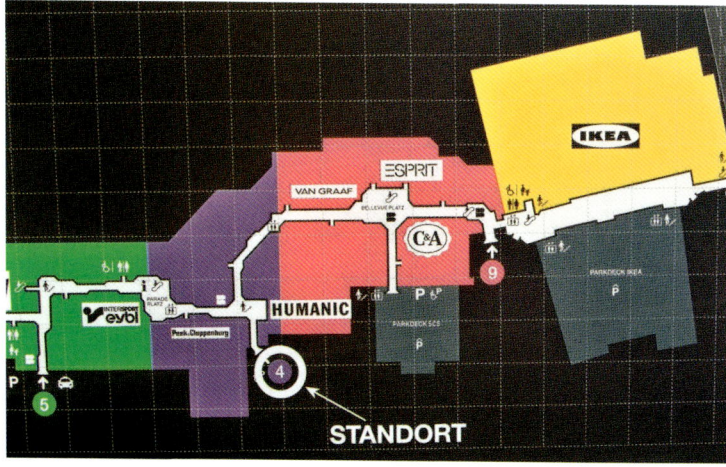

Abb. 2.11. Ein typischer Orientierungsplan in einem Einkaufszentrum

Das Problem mit You-are-here-Maps ist, dass sie für Kunden häufig verwirrend sind. Diese Verwirrung kommt daher, dass bei der Erstellung zwei wichtige umweltpsychologische Prinzipien häufig nicht berücksichtigt werden: Strukturabgleich und Orientierung.[15]

Das Prinzip des Strukturabgleichs impliziert, dass der Plan für den Konsumenten den Laden oder die Dienstleistungsumgebung reflektiert. Der Konsument sollte den Plan also mit der Realität in Verbindung setzen können. Um den Strukturabgleich zu vereinfachen, sollte die Beschriftung des Plans jener in der Realität ähnlich sein, zum Beispiel indem Geschäftslogos verwendet werden (siehe z.B. das IKEA-Logo in Abb. 2.11). Außerdem sollte das You-are-here-Symbol auf die genaue Stelle zeigen, an der sich der Betrachter befindet.

Das Orientierungsprinzip besagt, dass sich Objekte, die sich vor dem Konsumenten befinden, auf der Karte oben dargestellt werden sollten. Anders ausgedrückt, „oben" auf der Karte ist „geradeaus" in der Umgebung. Dieses Prinzip wird in Abb. 2.12 und Abb. 2.13 illustriert, die eine umweltpsychologisch korrekte und eine unkorrekte You-are-here-Map darstellen. In Abb. 2.12 können Sie sehen, dass auf dem Plan oben das dargestellt wird, was der Kunde sieht, wenn er geradeaus schaut (korrekte Darstellung). In Abb. 2.13 wird die Umgebung zwar auch wahrheitsgetreu dargestellt, dennoch ist der Plan für die meisten Konsumenten verwirrend, weil der Pfeil nach links zeigt. Pfadfinder, Piloten und Soldaten würden mit diesem Plan vermutlich kein Problem haben, aber der durchschnittliche Konsument (einschließlich der Autoren) sehr wohl.

Abb. 2.12. Umweltpsychologisch korrekte Ausrichtung der You-are-here-Map

*Abb. 2.13. Eine verwirrende You-are-here-Map, bei der gegen das
Orientierungsprinzip verstoßen wurde*

Weitere Möglichkeiten, um die Orientierung im Laden zu erleichtern

Sie haben die Prinzipien kognitiver Landkarten im Laden oder Dienstleistungsbetrieb umgesetzt, ein logisches und konsistentes Leitsystem implementiert und den Kunden vielleicht sogar You-are-here-Maps zur Verfügung gestellt. Was können Sie sonst noch tun, damit sich Kunden zurechtfinden und nicht die Orientierung verlieren? Hier sind einige Vorschläge.

Ausrichtung des Layouts an den Skripts der Konsumenten

Konsumenten folgen bei Einkauf häufig Skripts. Ein Skript ist eine kognitive Verhaltenssequenz.[16] In gewisser Weise kann man sich Skripts als Drehbücher im Kopf vorstellen. Durch die Analyse von Einkaufszetteln haben wir beispielsweise in einer unserer Untersuchungen festgestellt, dass Supermarktkunden (zumindest im untersuchten Markt) ihre Einkaufsaktivitäten oft nach den Hauptmahlzeiten ausrichten. Zunächst suchen sie nach Frühstücksprodukten, dann nach Lebensmitteln für das Mittagessen und anschließend nach Ingredienzien für das Abendessen. Tiefgekühlte Produkte werden meist erst kurz vor dem Gang zur Kasse gekauft. In anderen Geschäften wird die Sequenz von Einkaufsaktivitäten durch andere Skripts gesteuert, aber auch hier macht es Sinn, die Skripts zu untersuchen, um das Ladenlayout entsprechend zu gestalten und die Warengruppen, soweit sinnvoll, der Sequenz im Skript entsprechend im Laden anzuordnen.

Farbkodierung

Wir haben uns bereits damit beschäftigt, wie Farbkodierung die Verständlichkeit von Schildern verbessern kann. Die Möglichkeit der Farbkodierung ist aber nicht auf Schilder beschränkt. Sie können auch unterschiedliche Abteilungen, Warengruppen oder Stockwerke farbkodieren.

Wegweiser an den Wänden und am Boden

Die meisten Leitsysteme setzen von der Decke abgehängte Schilder ein. Trotzdem können auch die Wände und der Fußboden genutzt werden, um Kunden zu leiten. Zum Beispiel verwenden große Spitäler häufig färbige Linien an den Wänden, um Patienten und Besucher zu den einzelnen Abteilungen zu führen. Ab Boden können eine Linie oder stilisierte Fußabdrücke in einem Geschäft zu Sonderangeboten führen. In diesem Zusammenhang haben wir entdeckt, dass eine rote Linie in einem Universitätsgebäude, die zu einem von mehreren Getränkeautomaten führt, den Umsatz dieses spezifischen Getränkeautomaten gegenüber den anderen Automaten signifikant erhöht. Bodenlinien oder Fußabdrücke sollten allerdings nicht zu häufig eingesetzt werden, da sie sonst nicht mehr überraschen und damit ihre Wirksamkeit verlieren.

Das Wichtigste in Kürze

Hier sind einige der wichtigsten Erkenntnisse aus diesem Kapitel:

- Für die Kundenzufriedenheit ist es essenziell, dass sich die Konsumenten einfach im Laden oder in der Dienstleistungsumgebung zurechtfinden. Wenn Konsumenten das Gefühl haben, dass die Umgebung sie dominiert (externe Kontrollüberzeugung), führt dies zu Frustration und Verärgerung.
- Auch wenn wir Konsumenten gerne länger im Geschäft halten möchten, so führt doch nur ein vom Kunden gewollter längerer Aufenthalt zu den für den Handel wichtigen ungeplanten Käufen. Die längere Zeit, die Kunden im Laden verbringen, weil sie die gewünschten Waren nicht finden können, hat keinerlei positive Auswirkungen.
- Konsumenten speichern kognitive Landkarten im Gehirn. Diese helfen ihnen bei der Orientierung im Laden. Wenn Sie die fünf Elemente, die die meisten Menschen in ihren kognitiven Landkarten speichern, in das Design Ihres Ladens integrieren, dann verbessern Sie deutlich die Orientierungsfreundlichkeit des Geschäfts. Elemente kognitiver Landkarten wie Wahrzeichen und Bereiche machen den Laden für die Kunden auch einladender und interessanter.

- Ein gut geplantes Leitsystem kann die Orientierung der Kunden deutlich verbessern.
- Weniger ist mehr: Jedes Schild sollte immer nur eine Botschaft verkünden.
- Weniger ist mehr: Um Informationsüberlastung zu vermeiden, sollten Sie so wenige Schilder wie möglich im Laden aufstellen.
- Kombinieren Sie Text und Bilder. Dadurch fällt es allen Kunden leichter, die Botschaft gedanklich zu verarbeiten. Zusätzlich erreichen Sie dadurch auch Kunden, die funktionale Analphabeten sind oder die Sprache nicht sprechen.
- You-are-here-Maps sind eine gute Ergänzung zu sonstigen Schildern, aber nur, wenn sie den Prinzipien der Umweltpsychologie entsprechend gestaltet sind.
- Finden Sie heraus, welche kognitiven Skripts Ihre Konsumenten beim Einkauf einsetzen. Diese Erkenntnisse, welche Produkte in welcher Reihenfolge gekauft werden, können in die Planung des Ladenlayouts einfließen.
- Schaffen Sie Übersichtlichkeit durch die Farbkodierung von Warenbereichen, Abteilungen und Stockwerken.
- Leitsysteme müssen nicht immer aus von der Decke abgehängten Schildern bestehen. Auch Leitlinien an den Wänden und Markierungen am Boden können die Orientierung erleichtern.

Kapitel 3

Elemente der Ladengestaltung
Aufbau und Design des Geschäftslokals

„Wir formen unsere Gebäude, und unsere Gebäude formen uns."[1] Dieser Spruch, der Winston Churchill zugeschrieben wird, bezieht sich darauf, dass Gebäude (in unserem Fall Läden und Dienstleistungsumgebungen) Menschen beeinflussen – ein roter Faden, der sich durch dieses Buch zieht. Bisweilen jedoch formt ein Laden im wahrsten Sinne des Wortes den Kunden und deren Käufe. Das war der Fall bei Jenna, einer modebewussten Kundin, die ein Kleid in der Umkleidekabine eines exklusiven Modegeschäfts anprobierte. Als sie sich selbst in den großen Spiegeln betrachtete, war sie sehr mit ihrer Wahl zufrieden. Das Kleid machte sie schlank und attraktiv (siehe Abb. 3.1). Nur leider, als sie nach Hause kam, wirkte sie in demselben Kleid nicht mehr ganz so schlank. Wie kann das sein? Nun Jenna, wie wir von Zauberkünstlern wissen, lässt sich mit Spiegeln (und dem richtigen Licht) so einiges verstecken, verändern und beschönigen.

Abb. 3.1. Spiegel im Verkaufsraum können trügerisch sein

Zerrspiegel sind nur eines der faszinierenden Themen, mit denen wir uns auf den folgenden Seiten beschäftigen werden. Anders als in einem der nächsten Kapitel, in dem wir uns mit atmosphärischen Faktoren wie Musik, Licht und Gerüchen befassen werden, lernen Sie in diesem Kapitel die physischen, greifbaren Elemente des Verkaufsraums kennen. Generell lassen sich diese in externe Elemente (wie zum Beispiel Schaufenster und Eingangsbereich) und interne Elemente (zum Beispiel Bodenbeläge, Displays und die bereits erwähnten Spiegel) unterteilen (siehe Abb. 3.2).

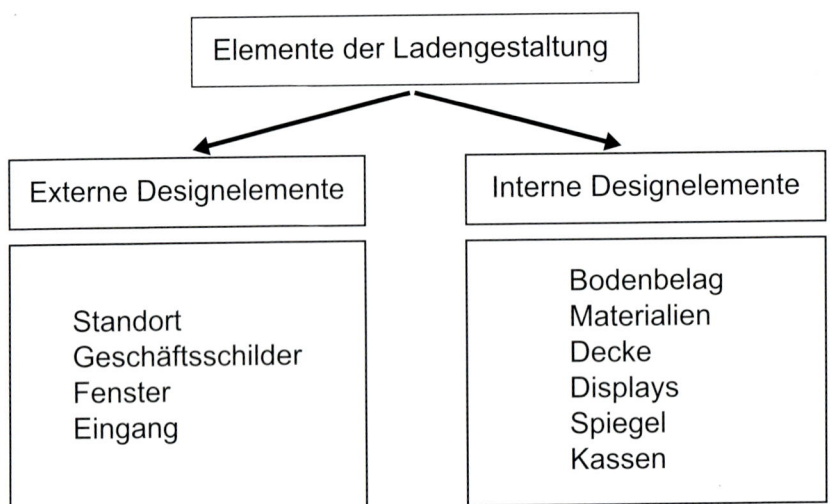

Abb. 3.2. Externe und interne Gestaltungselemente

Die äußere Gestaltung des Ladens: Der erste Eindruck zählt

Lassen Sie uns mit den externen Gestaltungsfaktoren beginnen. Der erste Eindruck, den ein (potenzieller) Kunde von Ihrem Geschäft erhält, ist die äußere Gestaltung des Ladens, die Fassade. Die meisten Konsumenten entscheiden innerhalb weniger Sekunden nach Betrachtung, ob sie ein Geschäft betreten oder nicht. Deshalb ist es die zentrale Aufgabe des äußeren Ladendesigns, die Aufmerksamkeit der Konsumenten anzuziehen und dann ein zum Laden passendes Image zu vermitteln, das sie dazu veranlasst, das Geschäft zu betreten. Bei Flagship-Stores werden erhebliche Investitionen getätigt, um das Markenimage des Unternehmens über die Geschäftsfassade zu vermitteln. Da diese Geschäfte oft fünf- bis zehnmal größer als andere Läden sind, ziehen sie schon allein aufgrund ihrer großen Fassade viele Kunden an. Zusätzlich sind sie häufig auch noch in exklusiven Geschäftsvierteln angesiedelt und befinden sich bisweilen in Gebäuden, die von kultureller und historischer Bedeutung sind, wie zum Beispiel ehemaligen Fabriken, Markthallen oder historischen Wahrzeichen.[2] Aber natürlich kann nicht jedes Geschäft ein Flagship-Store sein. Dennoch gibt es verschiedene Möglichkeiten, Konsumenten schon durch das Äußere des Geschäfts zu beeindrucken und anzuziehen.

Ein wichtiger Faktor ist, dass die äußere Gestaltung des Geschäfts mit der Innenraumgestaltung kohärent sein soll. Ein Beispiel dafür ist Harris Teeter, ein Supermarkt in Virginia Beach. Die thematische Gestaltung des Geschäfts als Bauernmarkt wird schon durch die Fassade vermittelt, da ländliche Formen, Farben, Materialien und Dekorationselemente eingesetzt werden. Ein Konsument, der vor dem Gebäude steht, fühlt sich wie auf dem Land, obwohl das Geschäft mitten in den amerikanischen Suburbs liegt. Das Satteldach und die gesamte Silhouette des Gebäudes erinnern an rustikale Bauernhofarchitektur. Die mit breiten Streifen bemalten Außenwände, der Einsatz von Naturstein und die Verwendung traditioneller Materialien wie galvanisiertem Metall und bemalten Querstreben aus auf alt getrimmtem Holz vermitteln ein ländliches Image, das den wohlhabenden Kunden vermittelt, dass im Inneren des Geschäfts frische und natürliche Lebensmittel verkauft werden.[3] Verschiedene Faktoren tragen zu einem gelungenen Äußeren eines Geschäfts wie Harris Teeter bei. Diese werden im nächsten Abschnitt besprochen.

Was ist der beste Standort für ein Geschäft?

Auch wenn es vielleicht ein etwas überstrapaziertes Klischee ist, „location, location, location", also der richtige Standort, ist nach wie vor einer der wichtigsten Erfolgsfaktoren im Handel. Ob sich der geplante Standort in einem Einkaufszentrum, einem Fachmarktzentrum oder in einer zentralen Einkaufsstraße befindet, in jedem Fall muss bei der Standortwahl die Passantenfrequenz (ob Fußgänger oder motorisiert) berücksichtigt werden. Selbst in einem Einkaufszentrum liefern nicht alle Standorte die gewünschte Kundenfrequenz. Geschäftslokale in Seitengängen und (entgegen der landläufigen Meinung) in der Nähe von Eingängen weisen üblicherweise eine niedrigere Kundenfrequenz auf als Geschäfte in der Mitte des Einkaufszentrums. Wenn Sie ein Geschäftslokal in einem Einkaufszentrum auswählen, ist der Preis meist ein guter Indikator dafür, wie gut der Standort ist – oder zumindest, für wie gut ihn der Betreiber des Einkaufszentrums hält. In den meisten modernen Einkaufszentren wird die Kundenfrequenz kontinuierlich gemessen, meistens durch Vorrichtungen an oder über den Eingängen. Dennoch sollten Sie, bevor Sie sich für einen Standort entscheiden, das Einkaufszentrum möglichst oft besuchen, um ein klares Bild darüber zu erhalten, an welchen Plätzen sich Kunden länger aufhalten (z.B. weil dort Unterhaltung geboten wird), wo die Kundenströme verlaufen und wie viele Personen am vorgesehenen Verkaufslokal vorbeikommen.[4] Zusätzlich gibt es auch noch einige generelle Richtlinien, die bei der Auswahl eines Standorts in einem Einkaufszentrum helfen können:[5]

- *Rolltreppen.* Geschäftslokale in der Nähe einer zentralen Rolltreppe im Einkaufszentrum sind meist gute Standorte für viele Läden. Allerdings bringen nicht alle Standorte nahe bei Rolltreppen die gewünschte Aufmerksamkeit von Kunden. Was zählt, ist die Richtung. Ihr Verkaufslokal sollte sich nahe der Ausstiegsstelle befinden. Geschäfte, die sich nahe der Einstiegsstelle einer Rolltreppe befinden, erhalten meist deutlich weniger Beachtung.
- *Anchor Stores.* Anchor Stores, die Hauptgeschäfte in einem Einkaufszentrum, wie Kaufhäuser oder große Verbrauchermärkte, sind generell wich-

tige „Kundenmagnete" für Einkaufszentren. Allerdings ist es für kleinere Geschäfte nicht ratsam, zu nahe an einem Anchor Store angesiedelt zu sein. Innerhalb von etwa 15 Metern von einem Anchor Store fokussieren Konsumenten häufig ihre Aufmerksamkeit auf diesen und schenken den anderen Geschäften in der Umgebung nur wenig Beachtung.

- *Wells.* Im Jargon des Handels versteht man unter einem Well eine Öffnung auf der oberen Ebene eines Einkaufszentrums. Von der dadurch entstehenden Galerie können Konsumenten auf die untere Ebene des Einkaufszentrums blicken. Durch die Öffnung wird der Kundenstrom auf zwei Spuren verteilt (siehe Abb. 3.3). Zum Beispiel, wenn sich eine Konsumentin entscheidet, die rechte Spur zu nehmen, und sich Ihr Geschäft entlang der linken Spur befindet, muss die Konsumentin die ganze Galerie entlanggehen, um zu Ihrem Geschäft zu gelangen. Besser wäre es, Ihr Verkaufslokal an einem der beiden Enden der Galerie zu positionieren, damit Kunden schneller zu dem Laden kommen können.

- *Längster durchgehender Weg.* Wenn ein Einkaufszentrum nur aus einem langen Gang besteht, an dessen Enden die Anchor Stores positioniert sind, dann befinden sich alle Geschäftslokale in diesem Gang an einem guten Standort. Besteht das Einkaufszentrum hingegen aus mehreren Gängen, dann finden sich die besten Standorte im längsten Gang des Einkaufszentrums.

- *Umgebung.* Ein Geschäft sollte sich in der Nähe von Läden befinden, die die gleiche Zielgruppe wie das Geschäft ansprechen. Zum Beispiel, ein exklusives Schuhgeschäft sollte nicht neben einem Schuhdiskonter angesiedelt sein, sondern vielmehr neben einem exklusiven Modegeschäft. Fürchten Sie Ihre Konkurrenz nicht, sondern nutzen Sie sie. Selbst in den jahrhundertealten Basaren Ägyptens und der Türkei sind die meisten Teppichgeschäfte in einem Teil des Basars angesiedelt, während die Geschäfte, die Gewürze und Weihrauch verkaufen, in einem anderen Teil des Basars liegen. Diese Agglomeration ähnlicher Geschäfte zieht Kunden an, die bestimmte Produkte suchen, weil sie wissen, dass sie in bestimmten Bereichen eine große Auswahl des gewünschten Produkts finden werden. Gegen diese alte Marketingweisheit lässt sich schlecht argumentieren. Und noch eine alte Regel besitzt Gültigkeit: Generell gute Standorte für viele Arten von Geschäften sind Plätze in der Nähe der Gastronomie. Popcorn und Eiscreme bringen Kunden sogar zu ansonsten weniger attraktiven Standorten.[6]

Ein erfolgreiches Geschäft muss seinen Standort nicht notwendigerweise in einem Einkaufszentrum haben. Straßengeschäfte in urbanen Gebieten im Stadtzentrum oder an Einkaufsstraßen gelegen bieten auch einige Vorteile. Allerdings ist die Ausgangslage eine etwas andere. Üblicherweise nehmen Konsumenten das Auto, wenn sie in einem Einkaufszentrum einkaufen. Im Stadtzentrum gibt es viele Fußgänger, die nicht unbedingt vorhaben, einkaufen zu gehen. Es bieten sich einem Straßengeschäft jedoch zahlreiche Möglichkeiten, Kunden anzulocken.

Stellen Sie sich vor, ein Fußgänger geht gedankenverloren eine Straße entlang, die Augen auf den Boden gerichtet. Es ist eindeutig eine Herausforderung für das Geschäft, diesen Konsumenten anzuziehen. In dieser Situation werden Geschäftsschilder oder auch ein attraktiv gestaltetes Schaufenster nicht beachtet. Trotzdem gibt es eine Möglichkeit, die Aufmerksamkeit des Konsumenten anzuziehen. Kommunizieren Sie mithilfe des Gehsteigs vor dem Geschäft. Dies kann mit verschiedenen Materialien, spezifischen Farben oder sogar durch die Projektion des Unternehmenslogos auf den Gehsteig erfolgen. Zusätzlich, sofern rechtlich möglich, können Sie auch noch andere Maßnahmen treffen, um die Aufmerksamkeit der Passanten auf Ihr Geschäftslokal zu lenken:[7]

- *Blumen*. Falls sich vor Ihrem Geschäftslokal Bäume befinden, könnten Sie Blumen um den Baum herum pflanzen. Diese dienen nicht nur als Blickfang, sondern tragen auch zu einer angenehmen Atmosphäre in der Umgebung Ihres Ladens bei.
- *Beleuchtung*. Zur Weihnachtszeit ist es üblich geworden, Bäume mit Lichtern zu schmücken. Mehr und mehr Geschäfte tun dies mittlerweile das ganze Jahr über und schaffen damit eine festliche Atmosphäre. Immerhin: Gibt es nicht immer etwas zu feiern – und zu kaufen?
- *Sitzgelegenheiten*. Stellen Sie vor Ihrem Geschäft Sitzgelegenheiten auf, die aber immer in Richtung des Ladens und niemals in die entgegengesetzte Richtung zeigen sollten. Jeder Passant kann sich setzen und erholen und blickt dabei auf Ihr Geschäft, ob er das nun vorhat oder nicht.
- *Einrichtungen für Hunde*. Vermitteln Sie, dass Ihnen die Hunde Ihrer Kunden am Herzen liegen. Stellen Sie vor Ihrem Geschäft einen Wasserspender für Hunde auf. Tierliebhaber werden Ihr Geschäft lieben, wenn sie sehen, dass Ihnen das Wohlbefinden ihrer kleinen Lieblinge am Herzen liegt.
- *Sauberkeit*. Die Gehflächen vor Ihrem Geschäft sollten (egal ob auf Ihrem Grundstück oder im öffentlichen Raum) immer in einwandfrei sauberem Zustand sein. Vermeiden Sie, dass im Herbst Blätter oder im Winter Schnee liegt, und lassen Sie auf diesen Flächen regelmäßig den Abfall entfernen.

Wo auch immer sich ein Geschäft befindet, für ausreichend Parkmöglichkeiten muss gesorgt sein. Sidney Sheldon vom Juweliergeschäft Sheldon Jewelry Co. drückt das kurz und bündig aus: „Unsere Kunden lieben es, direkt vor unserem Geschäft parken und ohne große Umwege das Geschäft betreten zu können."[8] In Einkaufszentren ist das allerdings meist nicht so einfach möglich. Oft müssen Kunden große Distanzen zurücklegen, um zum Geschäft zu kommen. Daher sollten an den Eingängen vom Parkplatz Übersichtspläne und Wegweiser aufgestellt werden, um den Kunden das Finden der Geschäfte zu erleichtern. In der Tat zeigen Forschungsergebnisse, dass die Ausgestaltung des Parkplatzes erheblichen Einfluss darauf hat, welche Geschäfte Konsumenten besuchen.[9] Das Parken sollte daher so bequem und einfach wie möglich gemacht werden. Möglich ist das auf folgende Weise:[10]

- *Spezielle Parkplätze.* Reservieren Sie Parkplätze für spezielle Bedürfnisse (z.B. für Schwangere oder Mütter mit Kleinkindern). Indem mehr getan wird, als nur die gesetzlichen Erfordernisse (Behindertenparkplätze) einzuhalten, signalisiert das Geschäft Kunden mit besonderen Bedürfnissen, dass auf sie Rücksicht genommen wird.
- *Warnschilder.* Warnschilder auf dem Parkplatz sollten nach Möglichkeit einen Kundennutzen signalisieren (z.B. „Hier nicht parken – bitte halten Sie diesen Parkplatz für Schwangere frei")
- *Sicherheitsbeleuchtung.* Um die tatsächliche und wahrgenommene Sicherheit der Kunden zu erhöhen, sollte der ganze Parkplatz ausreichend ausgeleuchtet sein. Wiederum ist es sinnvoll, diesen Nutzen den Kunden gegenüber zu kommunizieren: „Zu Ihrer Sicherheit wird dieser Parkplatz ab Einbruch der Dämmerung beleuchtet."
- *Orientierungszeichen.* Orientierungstafeln und Farbkodierung der jeweiligen Parkzone erleichtern es den Kunden, sich daran zu erinnern, wo sie ihr Auto geparkt haben. Auf manchen Parkplätzen können die Kunden kleine Merkkärtchen mitnehmen, um sich an den genauen Parkplatz leichter zu erinnern. Diese Kärtchen stellen eine weitere Möglichkeit der Kommunikation mit dem Kunden dar. In Zeiten des Smartphones können Kunden auch durch Hinweisschilder dazu angeregt werden, ein Foto ihres Parkplatzes zu schießen, das sie später daran erinnert, wo sie geparkt haben.

Geschäftsschilder

Sollte der Name des Geschäfts auf der Fassade stehen? Die Antwort auf diese Frage ist nicht so einfach, wie es zunächst scheint. Die japanische Modemarke Comme de Garçons verwendet auf ihrem Geschäft in New York kein Geschäftsschild. Sie würden dieses Geschäft, das sich sowohl unter Fashionistas als auch unter Touristen großer Beliebtheit erfreut, niemals finden, wüssten Sie nicht von seiner Existenz. Auf einer unauffälligen, mit Graffiti bedeckten Ziegelwand hängt neben einer Feuerleiter ein handgeschriebenes Schild für eine Autowerkstatt: Heavenly Body Works. Nichts deutet zunächst auf das exklusive Modegeschäft hin. Comme de Garçons wählte diesen Standort aufgrund der lokalhistorischen Bedeutung, geographischen Lage und Atmosphäre.[11] Das Geschäftslokal befindet sich in West Chelsea, neben Schlachthöfen und Garagen. Selbst wenn man das Geschäft gefunden hat, ist es nicht ganz einfach zu betreten. Nach der Durchquerung eines Metalltunnels steht der Kunde vor einer Glastür. Diese Tür lässt sich allerdings nicht wie gewöhnlich öffnen. Vielmehr muss man mit der Hand durch ein Loch im Glas greifen, um dann die Tür um ihre eigene Achse zu drehen. Erst danach kann man eintreten. Im Inneren setzt sich der Metalltunnel fort, bis der Kunden dann plötzlich mitten im Geschäft steht. Ab da ändert sich das Bild völlig. Helles Licht, weiße Wände und hohe Räume drücken nun die Exklusivität der bekannten Modemarke aus.

Die Modekette Abercrombie & Fitch verwendet einen ähnlichen, wenn auch weniger radikalen Ansatz in ihren Filialen. Zwar ist der Name des Geschäfts sichtbar, die Spannung der Konsumenten wird jedoch erhöht, indem das Äußere des Ladens absolut keine Anhaltspunkte gibt, was die Besucher im Inneren des Ladens erwartet. Eine kahle Fassade aus Ziegeln oder Holz wehrt gewissermaßen alle Konsumenten ab, die nicht in die Zielgruppe (junge Leute im späten Teenager-Alter bis Anfang 20) fallen.[12]

Warum funktioniert dieses Konzept? Sowohl Comme de Garçons als auch Abercrombie & Fitch setzen einen Effekt ein, der als „verbotener Ort" bekannt ist. Der Laden stellt dabei einen geheimen Raum dar, einen Platz, der wie ein privates Refugium gesichert ist. Nicht jedem ist der Eintritt erlaubt. Wenn es Konsumenten allerdings letztendlich schaffen, die Schwierigkeiten zu überwinden und Einlass zu erhalten, dann fühlen sie sich zufrieden, entspannt und darin bestätigt, dass sie zu der auserwählten Gruppe von besonderen Kunden zählen, denen es erlaubt ist, diesen besonderen Ort zu betreten.[13]

Allerdings wird dieses Konzept nicht immer funktionieren. Eine gute Geschäftsbeschilderung stellt in vielen Fällen immer noch eine der effektivsten und kostengünstigsten Marketingkommunikationsmaßnahmen dar.[14] Vor allem im Handel und in der Gastronomie sind Ladenschilder für einen erheblichen Teil der Spontanbesuche verantwortlich. Einer Untersuchung zufolge gaben 46% der erstmaligen Kunden in verschiedenen Branchen an, dass sie das Geschäft besucht hatten, weil sie durch das Geschäftsschild auf den Laden aufmerksam gemacht wurden.[15] Dennoch, ein nicht optimal gestaltetes Schild kann dem Unternehmen auch schaden. Zum Beispiel dann, wenn Neonbuchstaben ausfallen und nicht gleich repariert werden.[16] So geschehen etwa im „DYNASTY RESTAURANT", wo das Schild, nachdem die Buchstaben D und Y ausgefallen waren, den Besuchern gnadenlos signalisierte, dass es sich hier um ein „NASTY RESTAURANT" handelte.

Um Ihr Unternehmen vor so einem schrecklichen Schicksal zu bewahren, ist hier eine kurze Checkliste von Details, die bei der Auswahl und der Verwendung von Geschäftsschildern zu beachten sind:

- *Beachten Sie die lokale Bauordnung.* Vor allem wenn Ihr Geschäftsstandort in einem historischen Viertel liegt, kann es sein, dass Geschäftsschilder durch besondere Vorschriften geregelt sind. Auch in einem Einkaufszentrum kann es Beschränkungen geben, um einen einheitlichen Auftritt des Einkaufszentrums zu gewährleisten.[17]
- *Machen Sie Ihr Schild einfach erkennbar.* Konsumenten schauen sich Geschäftsschilder normalerweise nur einige Sekunden lang an, während sie vorbeigehen oder -fahren. Stellen Sie sicher, dass das Schild auch bei einer Geschwindigkeit von 70 oder 80 km/h noch gut leserlich ist. Verwenden Sie eine ausreichend große Schrift und geben Sie auf dem Schild nur den Namen oder das Logo des Unternehmens an.[18]

- *Passen Sie Ihr Schild der Umgebung an.* Falls Ihr Laden nahe bei anderen Geschäften liegt, können unpassende oder besonders auffällige Schilder zu Gegenmaßnahmen der Konkurrenz führen.[19] Zum Beispiel, wenn ein Geschäft ein 6 Meter hohes Schild aufstellt, kann das dazu führen, dass das Geschäft daneben ein 8 Meter hohes Schild mit blinkenden Lichtern aufstellt. Das dritte Geschäft installiert daraufhin ein 5 Meter hohes winkendes Huhn am Dach… Auch ist darauf zu achten, dass zusätzliche Informationen am Geschäftsschild wie z.B. „Kreditkartenzahlung möglich" oder „Sonderangebote um €10" die Informationsverarbeitungskapazität der Konsumenten überlasten können. Wie so oft in der Ladengestaltung: die Maxime „Weniger ist mehr!" gilt auch für Geschäftsschilder. Diese Handelsweisheit hat auch in einem alten Witz ihren Niederschlag gefunden: An einer Straße liegen drei äußerst kompetitive Hamburgerbuden. Die erste stellt ein großes Schild auf, auf dem steht: „Bei uns gibt es die besten Hamburger in der ganzen Stadt!" Daraufhin stellt der Konkurrent ein noch größeres Schild auf: „Bei uns gibt es die besten Hamburger im ganzen Land!" Schließlich der dritte, ganz bescheiden: „Bei uns gibt es die besten Hamburger in dieser Straße!"
- *Setzen Sie das Schild zur Vermittlung des Markenimages ein.* Da Geschäftsschilder das Image und die Positionierung des Geschäftes verstärken sollen, sollten sie zum Rest Ihres Markenauftritts (Broschüren, Visitenkarten, Anzeigen, Website) passen. Wenn Ihr Geschäftsschild mit Ihrer Gesamtpositionierung konsistent bleibt, dann wird Ihre Beschilderung vielleicht eines Tages so sehr mit Ihrem Geschäft identifiziert, wie das heutzutage schon weltweit die Golden Arches von McDonald's sind.[20]
- *Stellen Sie die Sichtbarkeit Ihrer Schilder durch die passende Beleuchtung sicher.* Schilder bewerben Ihr Geschäft 24 Stunden pro Tag, 365 Tage im Jahr.[21] Aus diesem Grund sollten sie schon aus der Entfernung leicht erkennbar und, sobald die Dämmerung beginnt, beleuchtet sein. Durch den Einsatz energiesparender LED-Beleuchtung ist dies mittlerweile auch relativ kostengünstig möglich.

Schaufenster bringen Kunden ins Geschäft

Nachdem Sie die Aufmerksamkeit der Passanten geweckt haben, möchten sich diese vielleicht Ihr Geschäft genauer ansehen. Das ist genau der richtige Zeitpunkt, sie durch ein attraktives Schaufenster zu überzeugen, in den Laden einzutreten. Schaufenster sind hervorragend dazu geeignet, Kunden anzuziehen. Deshalb unternimmt der Handel große Anstrengungen, ansprechende Schaufenster zu gestalten. Ein Beispiel dafür ist das weihnachtlich gestaltete Schaufenster des irischen Kaufhauses Arnott. Es umfasste vier Weihnachtsdörfer, beschneite Hügel, Weihnachtsmärke und einen Zoo, alles detailgetreu nachgebildet. Alles in allem wurden über 40 verschiedene Elemente für die Schaufensterdekoration verwendet, und 3.000 Beleuchtungskörper wurden eingesetzt, um die Fassade zu beleuchten.[22]

Ähnlich wie Firmenschilder können auch Schaufenster kostengünstige und effiziente Werkzeuge der Marketingkommunikation darstellen. Schaufenster sagen den Kunden, was sie im Inneren des Geschäfts erwartet. Außerdem kann über das Schaufenster vermittelt werden, wie man bestimmte Produkte verwenden kann, und es können zusätzliche Informationen gegeben werden. Allerdings können bei der Schaufenstergestaltung auch Fehler unterlaufen, zum Beispiel unpassende Beleuchtung, zu viele oder zu wenige Produkte, unpassende Dekorationselemente oder veraltete Schaufensterdekorationen, die schon lange nicht geändert wurden.[23]

Um diese Fehler zu vermeiden, ist ein klares Konzept für die Schaufenstergestaltung notwendig. Die zentrale Frage ist: Was sollte das Schaufenster bewirken? Ist das wesentliche Ziel, ein bestimmtes Image zu vermitteln? Oder möchten Sie einfach so viele Passanten wie möglich in das Geschäft locken? Um die Kundenfrequenz zu maximieren, könnten Sie günstige Waren im Schaufenster ausstellen. Wenn hingegen die Vermittlung eines exklusiven Images Ihr Ziel ist, dann sollten im Schaufenster innovative und gehobene Produkte zum Einsatz kommen.[24] Beides gleichzeitig ist nur schwer möglich. Sie müssen sich entscheiden.

Hier sind einige generelle Richtlinien, die Ihnen bei der Gestaltung Ihres Schaufensters helfen können:

- Das Design des Schaufensters sollte den Passanten deutlich vermitteln, was sie im Geschäft erwartet. Zum Beispiel, wenn das Geschäft gerade thematisch gestaltet ist, um „Sommerstimmung" zu vermitteln, dann könnten Sie in der Auslage Palmen, Sand oder Liegestühle einsetzen.[25]
- Wechseln Sie Ihre Schaufensterdekoration regelmäßig. Wie wir aus der Motivationsforschung wissen, streben Konsumenten nach Abwechslung. Wenn die Kunden eine bestimmte Auslagengestaltung bereits kennen, ist es in vielen Fällen schwieriger, in der Zukunft ihre Aufmerksamkeit mit derselben Dekoration wieder anzuziehen.
- Vermeiden Sie leere Auslagen. Diese wirken sich negativ auf das Image des Ladens aus, selbst wenn die Auslagen nur kurz leer stehen. Während der Umgestaltung der Auslagen können Poster angebracht werden. Diese bieten Sichtschutz und können das Image des Geschäfts positiv kommunizieren.[26]
- Nach Möglichkeit sollten Sie jeden Tag kleinere Änderungen in der Auslage vornehmen. Probieren Sie beispielsweise, ein Produkt des Tages zu promoten, einen Witz des Tages (falls dies zu Ihrem Geschäft passt) oder ein sich regelmäßig änderndes Sonderangebot. Falls Ihr Geschäft ein Maskottchen hat, könnte dieses jeden Tag seinen Platz in der Auslage wechseln.[27] Zum Beispiel, ein Wintersportgeschäft könnte einen Polarbären an einem Tag bei den Skis postieren, und am nächsten Tag versteckt sich der Bär hinter den Skischuhen. Alles andere kann gleich bleiben, und dennoch wird Abwechslung in die Auslage gebracht.
- Phantasie und Einfallsreichtum sind gut, aber eine gesunde Dosis Realismus ist auch nötig. Im Modebereich sollten Schaufensterpuppen mit

realistischen Körpermaßen verwendet werden, damit sich Kunden vorstellen können, wie die Kleidung an ihnen aussieht.[28]

- Überlegen Sie sich, im Schaufenster eine (transportable) Wand als Hintergrund aufzustellen. Diese Wand bietet zusätzlichen Platz, um Produkte zu präsentieren. Außerdem hat dies den Vorteil, dass Betrachter nicht abgelenkt werden, weil die Waren vor einem neutralen Hintergrund präsentiert werden.[29]

- Falls Sie den zusätzlichen Platz nicht benötigen, können Sie den Passanten durch das Schaufenster auch Einblick in den Laden gewähren. Dazu sollten die Produkte im Schaufenster nicht allzu hoch präsentiert werden. Wenn die Warenträger im Ladeninneren dann etwas höher sind, biete sich dem Betrachter ein guter Überblick über das Geschäft.[30] Dadurch, dass Passanten Einblick in das Geschäft haben, lassen sich auch Sicherheitsrisiken reduzieren (denken Sie etwa an Tankstellenshops, die durchgehend geöffnet sind). Außerdem dringt damit natürliches Licht in das Geschäftslokal, was in vielen Geschäften von Vorteil ist.[31]

- Verwenden Sie emotionale Reize als „versteckte Verführer" (siehe Abb. 3.4). Beispielsweise können Wasserspiele einen Blickfang in der Auslage darstellen. Generell ziehen an die Natur erinnernde Reize wie Pflanzen und Tiere Käufer an.[32] Passende In-Store-Grafiken, also Bilder von lachenden Gesichtern und glücklichen Menschen, wecken positive Emotionen (siehe Kapitel 4).

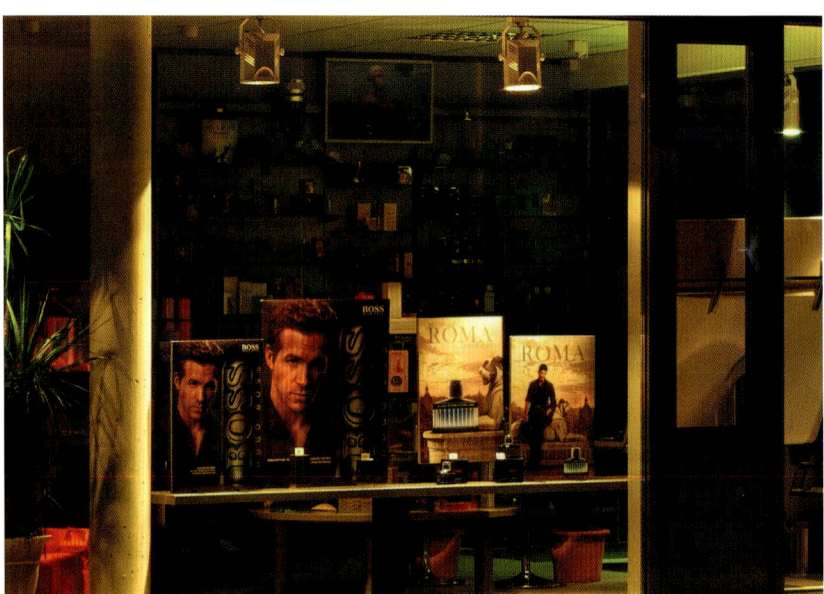

Abb. 3.4.   Emotionale Reize in einem Schaufenster

Der Eingang in den Laden

Beeindruckt von Ihrem faszinierenden Schaufenster entschließt sich der Kunde, in den Laden einzutreten. Allerdings ist die Notwendigkeit, einen guten ersten Eindruck zu vermitteln, noch nicht beendet. Auch wenn der Eingangsbereich nur einen kleinen Teil des Geschäfts darstellt, sollte er nicht ignoriert werden.[33] Ein gut konzipierter Eingang versetzt Ihre Kunden in die richtige Kaufstimmung. Folgendes ist nötig, um den Eingangsbereich optimal zu gestalten:

- *Weisen Sie deutlich auf den Eingang hin.* Manche Konsumenten haben Probleme, den Eingang zu finden, wenn er sich nicht deutlich von der Fassade abhebt. Vor allem wenn es große Schaufenster gibt, muss sich der Eingang deutlich abheben.
- *Gestalten Sie den Eingang barrierefrei.* Vermeiden Sie sowohl physische als auch psychologische Barrieren. Der Eingang sollte dem Konsumenten kein Argument liefern, den Laden nicht zu betreten. Zum Beispiel kann es vorkommen, dass ein Passant eine psychologische Barriere wahrnimmt, wenn der Eingang keinen Einblick in das Innere des Geschäfts zulässt. Normalerweise vermeiden es Konsumenten, ein Geschäft oder einen Dienstleistungsbetrieb zu betreten, wenn sie nicht wissen, was sie im Inneren erwartet. Wenn Sie nicht bewusst das eingangs besprochene Prinzip des verbotenen Ortes einzusetzen beabsichtigen, sollten Sie dem erstmaligen Besucher zeigen, was ihn oder sie erwartet. Auch physische Barrieren stellen ein Problem dar. Dazu zählen Stiegen, die für Behinderte, ältere Personen und Kunden mit Kinderwägen ein erhebliches Hindernis darstellen können. Falls sich Ihr Geschäft über oder unter dem Straßenniveau befindet, verwenden Sie Rampen, um das Geschäftslokal für alle Arten von Kunden barrierefrei betretbar zu machen.
- *Heißen Sie die Kunden willkommen.* Kunden sollten ab dem Moment, in dem sie das Geschäft betreten, spüren, dass sie herzlich willkommen sind. Schilder mit der Aufschrift „Willkommen, kommen Sie herein und schauen Sie sich unsere Produkte an" oder „Wir freuen uns, dass Sie da sind" geben den Kunden einen positiven ersten Eindruck der einladenden Atmosphäre in Ihrem Laden. Ähnliche Botschaften können auch beim Ausgang angebracht werden, zum Beispiel „Danke für Ihren Einkauf" oder „Gute Fahrt nach Hause".[34]
- *Geben Sie einen Überblick über das Geschäft.* Sobald Kunden das Geschäft betreten, sollten Sie ihnen einen Überblick über den Laden ermöglichen. Anstatt hoher Regale eignen sich am Eingang besser Präsentationstische oder sonstige niedrige Warenträger.[35]

Falls möglich, sollte es nur einen Geschäftseingang geben. Zwei oder mehrere Eingänge können zu Sicherheitsproblemen sowie zu Problemen mit den Kundenströmen führen. Wenn ein Geschäft jedoch mehr als einen Eingang hat, dann sollte jeder Eingang als Haupteingang betrachtet werden. Anders ausgedrückt, keiner der Eingänge sollte als weniger wichtig oder als Hintereingang empfunden werden. Indem Sie allen Eingängen entsprechende Bedeutung zumessen, werden sich die Kunden immer willkommen fühlen, egal durch welche Türe sie den Laden betreten.

Generell gibt es drei Möglichkeiten, den Eingangsbereich zu gestalten (siehe Abb. 3.5):

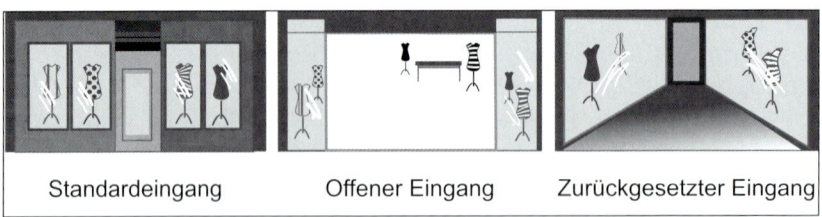

Abb. 3.5. Verschiede Arten von Eingangsbereichen

1. *Standardeingang.* Der Eingang befindet sich auf gleicher Höhe wie der Rest der Fassade. Meist ist diese Art von Eingang von Schaufenstern eingefasst.
2. *Offener Eingang.* Verkaufslokale in Einkaufszentren haben oft einen offenen Eingang. Ein offener Eingang hat das gleiche Problem wie ein Geschäft mit mehreren Eingängen. Der Kundenstrom lässt sich schwieriger steuern. Allerdings bietet diese Art von Eingang den großen Vorteil, dass es keine Tür gibt, die eine psychologische Barriere darstellen könnte.

Abb. 3.6. Dieses sehr ausgeprägte Beispiel eines zurückgesetzten Eingangs lädt Passanten ein, sich die Ware genauer anzusehen, und „lockt" sie in das Geschäft.

3. *Zurückgesetzter Eingang.* Um Passanten auf einer Einkaufsstraße anzuziehen, kann ein zurückgesetzter Eingang eingesetzt werden. Die Konsumenten können sich die Auslagen im Eingangsbereich genauer ansehen, ohne dem ständigen Strom an Fußgängern im Straßen- oder Gehsteigbereich ausgesetzt zu sein. Auch gibt es keinen Stau, wenn sich die Tür auf die geschäftige Einkaufsstraße öffnet. Allerdings kann sich in einem zurückgesetzten Eingang leicht Abfall ansammeln. Daher muss darauf geachtet werden, den Eingangsbereich regelmäßig zu reinigen.[36]

Der Eingangsbereich sollte die gleiche klare Botschaft verkünden wie die Schaufenster. Zum Beispiel, wenn im Schaufenster ein saisonaler Abverkauf beworben wird, sollen im Eingangsbereich ähnliche Dekorationsmaterialien und Plakate eingesetzt werden.

Interne Elemente der Ladengestaltung: Vom Fußboden bis zur Decke

Endlich ist der Konsument im Laden. In vielen Geschäften ist das die perfekte Gelegenheit für das Verkaufspersonal, dem Kunden einen Einkaufskorb oder Einkaufswagen anzubieten. Normalerweise ist es sehr unwahrscheinlich, dass ein Einkaufskorb, der einem Kunden gereicht wird, leer bleibt.[37] Im Laden wird der Kunde mit vielen verschiedenen Elementen der Ladengestaltung in Berührung kommen, wie zum Beispiel Warenträgern und Produktdisplays. Der erste Kontakt, den der Kunde mit dem Laden hat, ist jedoch normalerweise mit den Füßen.

Bodenbelag

Der Tastsinn, so wie die übrigen Sinne auch, übt einen wichtigen Einfluss auf das Konsumentenverhalten aus. Kunden möchten Produkte angreifen oder sogar die Hand eines Verkäufers schütteln. Meist wird jedoch ein Faktor, mit dem der Kunde ständigen Kontakt hat, nur wenig beachtet. In einem Geschäft hat ein Kunde die Wahl, ob er ein Produkt berührt oder nicht. Kunden denken jedoch üblicherweise nicht darüber nach, wohin sie den nächsten Schritt setzen.

Da die Berührung des Fußbodens etwas ist, das kein Kunde in einem Geschäft vermeiden kann, sollte der Bodenbelag hervorragend dazu geeignet sein, das Einkaufsverhalten zu beeinflussen. Um das herauszufinden, führten wir eine Studie in einem Kaufhaus durch. Das Ziel war es, zu untersuchen, ob die Art des Bodenbelags – hart oder weich – einen Einfluss darauf hat, wie schnell Kunden gehen. Schließlich hatten wir bei einem Strandurlaub, fern von Einkaufszentren und Geschäften, bemerkt, dass Menschen auf weichem Sand langsamer gehen. War das nur auf die entspannte Stimmung am Stand zurückzuführen oder gab es da noch eine andere Erklärung? Nach der Rückkehr nach Hause ließen wir in einem Geschäft einen weichen Teppichboden auf dem harten Linoleum ausrollen, der in einem der Gänge im Geschäft verlegt war. Diese beiden Bodenbeläge wurden täglich gewechselt, während die Kunden, die den Gang benutzten, unbemerkt beobachtet wurden. Wir fanden heraus, dass Kunden auf einem weichen Bodenbelag deutlich langsamer gehen als auf einem harten Boden. Auch bleiben sie häufiger stehen, wenn sie von einem Bodenbelag auf den anderen wechseln.[38]

Diese Ergebnisse veranlassten uns dazu, dem Handel zu raten, Fußbodenbeläge in Geschäften oder Einkaufszentren (siehe Abb. 3.7) abzuwechseln. Um die Zeit, die sich Kunden in bestimmten Bereichen eines Geschäfts aufhalten, zu verlängern, sollte ein weicher Bodenbelag eingesetzt werden (z.B. in den Produktpräsentationszonen in der Nähe des Loops). Allerdings ist auch beim Loop darauf zu achten, dass er durch einen harten Bodenbelag nicht zur Rennstrecke wird. Durch den Wechsel des Bodenbelags steigt auch die Häufigkeit, mit der Konsumenten stehen bleiben, und damit kann wiederum die Aufmerksamkeit auf so viele Produkte wie möglich gelenkt werden. Zum Beispiel, wenn der allgemeine Bodenbelag aus Linoleum besteht, dann kann der Einsatz eines weicheren Teppichbodens an strategischen Stellen die Wahrscheinlichkeit erhöhen, dass Kunden vor jenen Produkten stehen bleiben, die wir betonen möchten, wie etwa Waren mit hohen Gewinnspannen. Im Gegensatz dazu gibt es auch Bereiche im Laden,

Abb. 3.7. In diesem Einkaufszentrum wird im vorderen Bereich ein weicher (Teppichboden) und im hinteren Bereich ein harter Bodenbelag (Steinboden) verwendet

welche die Konsumenten schneller durchschreiten sollten (z.B. Bereiche nach den Kassen, um Menschenansammlungen und Staus zu vermeiden). Hier sollten harte Böden zum Einsatz kommen.

Generell sollen Bodenbeläge dem Image des Ladens entsprechen:
- Holzböden strahlen ein exklusives Image aus und sind angenehmer zu begehen als andere unelastische Bodenbeläge. Außerdem absorbieren sie Schall. Leider sind sie aber relativ teuer.
- Auch robuste Bodenbeläge wie Asphalt, Vinyl oder Gummi können zum Einsatz kommen. Allerdings haben sie meist eine recht billige Anmutung. Bei bestimmten Läden können jedoch auch Asphalt oder Beton verwendet werden, ohne dass dies unpassend wirkt. So kommt in manchen Möbelhäusern im Selbstbedienungsbereich, der sowohl als Lager als auch als Verkaufsfläche dient, Asphalt zum Einsatz. Gummifliesen sind so haltbar wie Asphalt, schauen aber nicht wie ein Straßenbelag aus. Außerdem schlucken sie Schall. Allerdings sind sie im Vergleich zur günstigeren Alternative, Vinyl, recht teuer.

Auch etwas wenige widerstandsfähige Materialien wie Keramikfliesen, Ziegel und Terrazzo werden als Bodenbeläge in Verkaufsräumen verwendet. Von diesen sind Bodenfliesen am robustesten und kommen daher auch am häufigsten zum Einsatz. Ziegel und Terrazzo sind weniger beliebt, da sie teurer und pflegeintensiver sind. Zu den weniger widerstandsfähigen Materialien zählen auch Teppichböden. Diese müssen zwar regelmäßig erneuert werden, schaffen aber eine behagliche Atmosphäre. Aus diesem Grund werden sie vor allem in Dienstleistungsbetrieben wie Flughäfen, Kinos oder Restaurants verwendet.

Wände und Materialien

Wenn Kunden im Timberland Store in Freehold, New Jersey Schuhe anprobieren, fällt es ihnen nicht schwer, sich vorzustellen, wie diese aussehen und sich anfühlen werden, wenn sie sie im Freien tragen. Eine strukturierte Glasfassade hilft dabei, die Kunden visuell mit der Natur zu verbinden. Im Geschäft werden nur natürliche Materialien wie Bambus, Kupfer und strukturiertes Holz verwendet, die alle die natürliche Ausstrahlung der Marke unterstreichen. Die Böden sind aus Bambus, die Warenträger aus antikem Holz, Metall und Glas. Die Regale sind aus ökofreundlichen, biologischen Faserplatten gefertigt, der Kassenbereich aus widerverwertetem Altholz, Steinplatten und bernsteinfarbenem Glas. Stein wird nicht nur im Kassenbereich eingesetzt, auch die Wände der Umkleidekabinen sind aus gestapelten Steinen und Milchglas gebaut.[39]
   So wie viele andere erfolgreiche Geschäfte verwendet Timberland sorgfältig ausgewählte Materialien um das Image des Unternehmens effektiv zu kommunizieren. Timberlands naturverbundenes Image wird nicht nur visuell, sondern auch taktil vermittelt. Forschungsergebnisse zeigen auf, dass die

meisten Konsumenten Produkte vor dem Kauf berühren möchten.[40] Aber auch die haptische Anmutung von Warenträgern und architektonischen Elementen im Laden kann den wahrgenommenen Nutzen der Produkte vergrößern. Als Beispiel dient Timberlands Einsatz von Holz, welches mit Natur assoziiert wird.[41]

Timberland ist nicht das einzige Unternehmen, das versucht, durch die passenden Materialien die Natur in den Verkaufsraum zu bringen. Bayard, ein Ski- und Sportartikelgeschäft mit Sitz in Zermatt in der Schweiz, verwendet ebenfalls viel Holz, um die rustikale und natürliche Atmosphäre, die mit Skifahren und Schweizer Chalets in Verbindung gebracht wird, zum Ausdruck zu bringen (siehe Abb. 3.8).

Abb. 3.8.   In einem Wintersportgeschäft schafft Holz eine rustikale und naturnahe Atmosphäre

Die in einem Geschäftslokal verwendeten Materialien sollten den Nutzen und die durch die Produkte vermittelten Werte unterstreichen. Plastik kann eher kindlich und verspielt wirken und ist daher für ein Spielwarengeschäft ein passendes Material; in einem Elektronikgeschäft würde es die Wahrnehmung der Kunden hingegen eher negativ beeinflussen. Im Elektronikgeschäft könnte jedoch Metall zum Einsatz kommen, das den Kunden kommuniziert, dass hier haltbare und technologisch innovative Produkte verkauft werden.

Tabelle 3.1 gibt einen Überblick über die verschiedenen Materialien, die im Ladenbau eingesetzt werden, sowie die Assoziationen, die diese bei Konsumenten hervorrufen.[42]

Material	Assoziationen der Konsumenten
Ziegel	Haltbar, gemütlich, natürlich
Glas	Zerbrechlich, modern
Holz	Natürlich und handgemacht
Eisen und Stahl	Historisch
Edelstahl	Aggressiv und professionell
Metalle	Kalt, steril und präzise
Bearbeitetes Metall	Haltbar, robust, technologisch führend
Polymere	Heiter, fröhlich und humorvoll
Keramik	Steif, kalt, haltbar, hygienisch
Plastik	Verspielt und von minderer Qualität

Tab. 3.1. Materialien, die in Verkaufsräumen zum Einsatz kommen, und ihre Assoziationen

Kommen wir noch einmal auf die Wände zurück. Die Wände beeinflussen das Kaufverhalten nicht nur durch die verwendeten Materialien, sondern auch durch ihre Form. Gerade Wände, die nur durch scharfe Ecken unterbrochen werden, rufen maskuline Assoziationen hervor, geschwungene Wände hingegen feminine Assoziationen. Generell bevorzugen Konsumen-

Abb. 3.9. Geschwungene Wände in einem auf eine weibliche Zielgruppe ausgerichteten Geschäft

ten Formen, die ihren eigenen Körperformen entsprechen. Konsumentinnen reagieren auf geschwungene Wände positiver als auf gerade Wände. Aus diesem Grund sollten neutrale Produkte auf geschwungenen Wänden präsentiert werden, wenn sie sich an Frauen wenden, auf geraden Wänden hingegen, wenn Männer angesprochen werden sollen. Bei genderspezifischen Produkten jedoch (also z.B. Boxhandschuhen) reagieren Konsumenten grundsätzlich positiver, wenn die Wandform dem Image des Produkts entspricht, unabhängig vom Geschlecht des Konsumenten.[43] Aus diesem Grund empfehlen wir, maskuline Produkte auf geraden Wänden und feminine Produkte auf geschwungenen Wänden zu präsentieren. Wenn das Produkt keine geschlechtsspezifischen Assoziationen hervorruft, sollte die Wand auf die Zielgruppe abgestimmt werden (z.B. geschwungene Wände für weibliche Kundinnen; siehe Abb. 3.9).

Displays: Was nicht gesehen wird, wird häufig auch nicht gekauft

Konsumenten entscheiden oft innerhalb einiger Sekunden, ob sie sich ein Produkt näher ansehen. Aus diesem Grund müssen Produktinformationen auf den ersten Blick sichtbar sein und möglichst einfach und klar vermittelt werden. Eine Möglichkeit, um die Aufmerksamkeit von Konsumenten zu erregen, sind Point-of-Purchase-Displays (abgekürzt auch POP-Displays genannt).

Abb. 3.10. POP-Display in einem Drogeriemarkt

Ein POP-Display ist eine flexibler Warenträger oder eine Warenzusammenstellung zum Zweck der Produktpräsentation. Ein POP-Display kann ein Kasten oder ein Stand sein, aber es muss sich nicht unbedingt um einen Warenträger handeln. So stellen die in Abb. 3.10 ersichtlichen Getränkepackungen, die zu einer Halloween-Dekoration in Form eines freundlichen Gespensts geschlichtet wurden, ebenfalls ein POP-Display dar.

POP-Displays erfüllen verschiedene Funktionen:[44]

- *Absatzförderung für bestimmte Produkte.* Die wichtigste Funktion von POP-Displays ist die Verkaufsförderung. Statistiken zufolge erhöhen POP-Displays in Supermärkten den Absatz der präsentierten Marken zwischen 1,2% und 19,6%, je nach Produkt und Art des Displays. In Drogeriemärkten sind die Absatzsteigerungen etwas niedriger und liegen bei durchschnittlich 6,5%.[45] POP-Displays, die innovative Elemente enthalten, sind besonders erfolgreich darin, die Aufmerksamkeit von Kunden zu erwecken und zu ungeplanten Käufen anzuregen. Solche innovative Elemente können animierte Projektionen, elektrische Uhren oder Faltaufsteller für abgepackte Produkte sein, um nur einige zu nennen.[46]
- *Verstärkung des Geschäftsimages.* Je nachdem, welches Image das Geschäft insgesamt anstrebt, können Wühlkörbe für Schnäppchenjäger oder elegante Displays zur Präsentation exklusiver Ware eingesetzt werden.
- *Erleichterung des Einkaufs.* Kunden finden Produkte einfacher, wenn diese auf POP-Displays, am besten im vorderen Teil des Geschäfts, präsentiert werden. Besonders bei Sonderangeboten und in speziellen Saisonen (z.B. Halloween) schätzen es Kunden, wenn die Produkte, die sie suchen, in einem Display nahe dem Eingang aufgestellt werden.
- *Steuerung des Kundenstroms.* POP-Displays können den Kundenstrom in eine bestimmte Richtung lenken. Zum Beispiel kann die Aufmerksamkeit der Kunden durch auffällige POP-Displays auf Ladenbereiche mit nur geringer Kundenfrequenz gerichtet werden.

Ein Laden, in dem verschiedene Marken angeboten werden (z.B. ein Supermarkt), ist mit dem Problem von stark miteinander konkurrierenden Herstellern konfrontiert, die alle mehr Regalplatz oder Displays haben möchten. Allerding verwirren und überlasten zu viele oder zu viele unterschiedliche POP-Displays die Kunden. Deshalb ist es für den Handel notwendig, klare Regeln aufzustellen, wie die Displays aussehen müssen, damit der Laden ein harmonisches Gesamtbild ergibt und dies auch den Lieferanten mitzuteilen.

Ein Display sollte aus vier Teilen bestehen:

1. *Ware.* Welche Produkte sollten in einem POP-Display präsentiert werden? Abhängig von der Art und dem Image des Geschäfts können Produkte mit der höchsten Gewinnspanne, neue Produkte, preisreduzierte Produkte oder Produkte, die Impulskäufe auslösen sollten, durch das Display promotet werden.
2. *Dekorationselemente und Farben.* Dekorationselemente wie zum Beispiel Gliederpuppen und andere Accessoires, die Produkte in ihrem Verwen-

dungszusammenhang zeigen, sowie der Einsatz von Farben verbessern die Wirksamkeit von POP-Displays. Generell ziehen kräftige Farben wie gesättigtes Rot oder Gelb mehr Aufmerksamkeit auf sich als Pastellfarben. Interessanterweise hat sich gezeigt, dass Grün die Kunden hungrig macht![47]

3. *Beleuchtung.* Stellen Sie nach Möglichkeit sicher, dass das Display eine eigene Beleuchtung erhält (z.B. durch einen Spot, der die Ware in das richtige Licht setzt).

4. *Beschriftung.* Verwenden Sie Preisschilder, falls das POP-Display verwendet wird, um ein Sonderangebot zu kommunizieren. Verwenden Sie ein Schild mit den Produktvorteilen, wenn die Ware nicht preisreduziert ist, um auf den besonderen Nutzen für die Käufer hinzuweisen.[48]

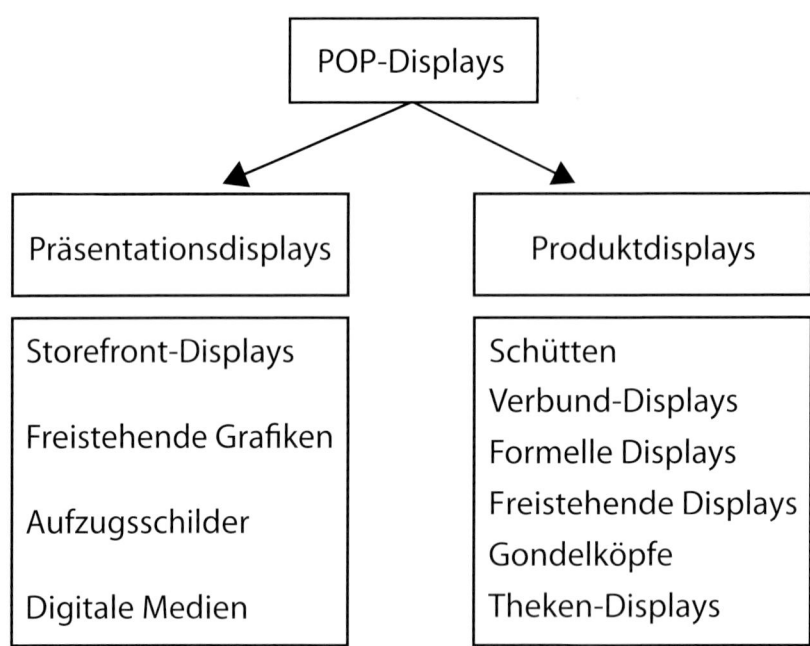

Abb. 3.11. Verschiedene Arten von POP-Displays

Generell gibt es zwei Arten von Displays: Präsentationsdisplays, die die Kunden informieren (z.B. über ein neues Sonderangebot), und Produktdisplays, die vorwiegend für Zweitplatzierungen verwendet werden. Wie Sie bereits aus Kapitel 1 wissen, ist eine Zweitplatzierung der zweite Standplatz eines Produktes zusätzlich zu seinem regulären Platz im Regal. Zum Beispiel werden Fertigsuppen in Supermärkten bisweilen in einer Schütte im vorderen Bereich des Geschäfts als Zweitplatzierung und mit einem Sonderangebot wie etwa „3 Stück zum Preis von 2" angeboten. Die gleichen Suppen finden sich auch an ihrem regulären Standort im Gang mit den Fertigprodukten.

Innerhalb der beiden Kategorien von Displays gibt es jeweils verschiedene Möglichkeiten (siehe Abb. 3.11).

Präsentationsdisplays werden verwendet, um spezifische Botschaften zu kommunizieren. Diese können sich entweder auf ein Sonderangebot beziehen oder aber dazu verwendet werden, das Ladenimage positiv zu beeinflussen. Es lassen sich verschiedene Arten von Präsentationsdisplays unterscheiden. Diese sind in Tab. 3.2 aufgeführt.

Art von Präsentations-display	Merkmale
Storefront-Display	• Wird in der Auslage oder vor dem Geschäft aufgestellt • Wird verwendet um auf das Geschäft und seine Vorzüge hinzuweisen • Innovative Displays wirken sich positiv auf das Image aus **Beispiele**: Aufsteller, Fahnen, Säulen
Freistehende Grafik	• Vermittlung einer spezifischen Botschaft • Sollte nicht von der Ware ablenken • Graphiken sollen aufeinander abgestimmt werden und Designrichtlinien des Geschäfts folgen **Beispiele**: Schilder, Poster
Aufzugsschilder	• Vermittlung einer spezifischen Botschaft • Kann zur Ankündigung von Events verwendet werden **Beispiel**: Im Aufzug angebrachter Event-Kalender
Digitale Medien	• Einsatz von durch Bewegungsmelder aktivierten Bildern und Touch-Screens • Können zentral gesteuert werden • Können aufgrund ihrer Interaktivität zur Erklärung von Produkten verwendet werden • Können das Einkaufen komfortabler machen **Beispiel**: Digitale Touchscreens, die es Kunden ermöglichen, die Verfügbarkeit von Produkten zu überprüfen

Tab. 3.2. *Häufig eingesetzte Arten von Präsentationsdisplays. Quellen: Cornelius, Natter, and Faure (2010); Lewison (1991); Copper (2010)*

Warendisplays werden üblicherweise eingesetzt, um bestimmte Produkt zu promoten, oft im Zusammenhang mit Preisnachlässen. Wenn Sie Produktdisplays einsetzen, sollten Sie darauf achten, dass sie adaptierbar, austauschbar und vor allem einfach zugänglich sind. Kunden sollten die Möglichkeit haben, die Schubladen herauszuziehen, die Produkte anzugreifen und sie genau inspizieren zu können.[49] Tab. 3.3 gibt einen Überblick über die verschiedenen Arten von Produktdisplays.

Art von Warendisplay	Merkmale
Schütte	• Kommuniziert Diskonterimage • Geringer Wartungsbedarf • Einfach zu verschieben • Sinnvoll für preisgünstige Waren des täglichen Bedarfs **Beispiel**: Schütte mit Elektrokleinwaren
Related-Item-Display	• Zur Präsentation von Zubehör • Regt zu Spontan- und Impulskäufen an **Beispiel**: Knabbergebäck neben Bier
Formelles Display	• Fungiert als Blickfang • Aufstellung an strategischen Punkten im Laden • Lücken freilassen um zu zeigen, dass das Produkt gekauft wird **Beispiel**: Pyramide aus Cerealienpackungen
Freistehendes Display	• Wird in den Gängen oder in der Nähe des Eingangs aufgestellt • Verwendung für neue oder besonders profitable Produkte **Beispiele**: Gliederpuppen, Bodenständer
Gondelkopf	• Sonderplatzierung für Produkte an der Regalstirnseite • Erhöht die Anzahl der ungeplanten Käufe • Geeignet für Produkte mit hohen Gewinnspannen • Kann einzeln oder zu mehrt nebeneinander eingesetzt werden **Beispiel**: Gondelkopf zur Zweitplatzierung von Snacks am Ende des Getränkegangs
Thekendisplay	• Wird auf oder über der Theke aufgestellt • Wird auch Multi-Item-Display genannt **Beispiel**: Display für Kaugummi, Bonbons, Batterien und Magazine im Kassenbereich

Tab. 3.3.   *Häufig eingesetzte Warendisplays. Quellen: Buttle (1984); Meyer, Harris, Kohns, Stone, and Ashmun (1988); Levy and Weitz (2009)*

Die Decke

Die Sixtinische Kapelle in Rom hat die wahrscheinlich berühmteste Decke der Welt. Allerdings gibt es noch andere Decken, die es wert sind, besprochen zu werden. Wenn Sie auf die Decke in der Lobby des Bellagio-Hotels in Las Vegas schauen, tauchen Sie sofort in eine Farbenpracht aus Tausenden handgeblasenen Glasblumen ein. In Paris wiederum besuchen Touristen aus aller Welt das Kaufhaus Galleries Lafayette, um sich die unverwechselbare, von einer Glaskuppel gekrönte Decke anzusehen (siehe Abb. 3.12).[50]

Abb. 3.12. Die spektakuläre Glaskuppel in den Galleries Lafayette macht das Kaufhaus unverwechselbar

Tatsächlich kann sich die Decke positiv auf die Bewertung des Geschäfts durch die Kunden auswirken. Abgesehen von den Kosten sollten drei Faktoren bei der Gestaltung der Decke berücksichtigt werden:

1. *Leistungsfähigkeit.* Dieser Aspekt bezieht sich auf die visuelle Ästhetik, die Akustik, Lichtreflexion und Haltbarkeit der Decke. Eine ansprechende Decke trägt sicher zur Markenidentität des Ladens bei. Abhängig von der Branche und der Zielgruppe ist es mehr oder weniger wichtig, dass die Decke den Schall absorbiert. Laute Geschäfte werden als eher volkstümlich und unkompliziert angesehen, für exklusivere Geschäfte lohnt es sich hingegen, durch das Anbringen spezieller Deckenpaneele die Akustik zu verbessern. Durch eine lichtreflektierende Decke lässt sich zusätzlich die Beleuchtung des Ladens kostengünstig verbessern. Außerdem sollte bei der Auswahl der Decke auch auf deren Haltbarkeit geachtet werden.[51]

2. *Design.* Zusammen mit Warenträgern, der Beleuchtung und den Wänden kann auch durch unterschiedliche Höhen und unterschiedliches Design der Decke die Aufmerksamkeit der Kunden auf spezifische Bereiche des Ladens gelenkt werden.[52]

3. *Deckenhöhe.* In Räumen mit hoher Decke fühlen sich Menschen wohler und weisen ein höheres Aktivierungsniveau auf als in Räumen mit einer niedrigen Decke. In experimentellen Untersuchungen wurde auch festgestellt, dass die Raumhöhe die mentale Informationsverarbeitung von Kunden beeinflusst, wenn sich diese der Höhe des Raumes bewusst sind. So fanden Konsumenten mehr und kreativere Verwendungsmöglichkeiten für Produkte, wenn diese in hohen Räumen präsentiert wurden. Außerdem beurteilen Konsumenten Produkte in hohen Räumen ganzheitlich und ohne die Details näher zu beachten. Diese Erkenntnisse sind für Handelsketten, für die ein großes Absatzvolumen wichtig ist, von Bedeutung. Im Gegensatz dazu: Wenn es wichtig ist, Käufer dazu zu bringen, sich die Produkte genauer anzusehen (zum Beispiel in einem Juweliergeschäft), sind niedrige Räume besser, da eine niedrige Decke die Kunden dazu veranlasst, sich mehr auf die Details des Produkts zu konzentrieren.[53]

Spiegel: Wie man mit einem Blick Gewicht verlieren kann

Viele Modegeschäfte verwenden den Trick mit den schmeichelnden Spiegeln. Diese machen die Käufer um einige Zentimeter größer und um einige Kilo schlanker. Schmeichelnde Spiegel lassen sich herstellen. Man nehme: ein dünnes Stück Spiegelglas (dickeres Glas gibt der Haut einen Grünstich), von vorne ausgestrahltes natürliches oder naturidentes Licht, um unschmeichelhafte Falten zu glätten, sowie eine in warmen Farben gestaltete Umkleidekabine. Der Spiegel sollte in Körpergröße sein und ganz leicht in die dem Betrachter entgegengesetzte Richtung geneigt sein.[54] Es liegt auf der Hand, dass Konsumenten, die sich im Spiegel gefallen, eine höhere Kaufbereitschaft aufweisen. Allerdings hat sich auch gezeigt, dass diese Käufer eher dazu neigen, Kleidungsstücke nach dem Anprobieren zu Hause in das Geschäft zurückzubringen.[55]

Spiegel können nicht nur dazu verwendet werden, Kunden schlanker zu machen, sondern auch, um ein Geschäft optisch größer erscheinen zu lassen. Aus dem gleichen Grund reduzieren in Aufzügen angebrachte Spiegel das Risiko, dass sich Benutzer klaustrophobisch fühlen. Wenn Platz knapp ist, dann lässt sich der wahrgenommene Raum durch die Platzierung von Spiegeln auf beiden Seiten des Verkaufsraums optisch vergrößern.[56] Allerdings macht es einen Unterschied, ob Spiegel vertikal oder horizontal angebracht werden. Wenn ein vertikaler Spiegel eingesetzt wird, sehen sich Käufer dabei, wie sie „Ja-Bewegungen" mit ihrem Kopf durchführen, wenn sie auf und ab schauen, bei einem horizontalen Spiegel sehen sie eher „Nein-Bewegungen". In der Tat hat sich in Studien gezeigt, dass diese Bewegungen eine Auswirkung auf die Bewertung von Produkten haben. Produkte in Geschäften mit vertikalen Spiegeln werden positiver bewertet. Außerdem ist in diesem Fall auch die Kaufneigung größer.[57] Wie so oft in der Ladengestaltung können bisweilen kleine, trivial erscheinende Änderungen wie das Format eines Spiegels zu kaufverhaltensrelevanten Effekten führen.

Die Kassentheke

Wir sind fast am Ende dieses Kapitels angelangt. Es ist also Zeit, für unsere Einkäufe zu bezahlen. Wenn Sie Ihren Laden planen, sollten Sie dem Design der Kassentheke bzw. der Kassenzone viel Bedeutung schenken. Hier sind einige Fragen, die Sie sich stellen sollten:

- Wie viele Kassen werden Sie einrichten?
- Wie viel Platz benötigen Sie, damit Kunden vor den Kassen bequem warten können?
- Wie können Sie Ihren Kunden das Warten erleichtern?

Die Auswirkungen von langen Warteschlangen sollten nicht unterschätzt werden. In der Tat, wartende Kunden können das Geschäft teuer zu stehen kommen. Kunden beurteilen nämlich die Atmosphäre des Geschäfts negativ, wenn sie erwarten, im Laden lang warten zu müssen.[58] Da lange Warteschlangen Kunden vergraulen können, sollten Entscheidungen hinsichtlich der meist notwendigen Wartebereiche sorgsam überlegt und geplant werden. Natürlich, die Frage, wie viele Kassenstationen Sie benötigen, hängt von der Art des Ladens und der Kundenfrequenz ab. So werden etwa in einem Supermarkt mehr Kassen benötigt als in einem Spezialgeschäft. Davon abgesehen sollten Sie sich aber überlegen, wie diese Warteschlangen gehandhabt werden (nähere Informationen dazu finden Sie auch in Kapitel 7).

Eine Warteschlangenkonfiguration an den Kassen, die immer mehr Verbreitung findet, ist eine einzelne Warteschlange, die sich am Ende auf mehrere Kassen aufteilt. Diese Warteschlange ist zwar meist relativ lang, verglichen mit einzelnen Warteschlangen vor jeder Kasse. Als jedoch Whole Foods Market in Manhattan eine solche „Zentralschlange" einführte, wurde der bekannte Bio-Supermarkt sehr schnell als der Supermarkt mit der schnellsten Warteschlange bekannt.[59] Mittlerweile setzt auch die französische Hypermarkt-Kette Carrefour Single-Line-Warteschlangen erfolgreich ein. Falls Sie sich dazu entschließen, das konventionelle System mit mehreren Schlangen zu verwenden, könnten Sie Ihre Kunden darauf hinweisen, dass eine weitere Kasse geöffnet wird, sobald eine bestimmte Anzahl an Kunden vor einer Kasse steht.

Eine andere Möglichkeit, um die wahrgenommene Wartezeit an der Kasse kurzzuhalten, ist es, die Kunden vom Warten abzulenken. Dies kann einfach dadurch erzielt werden, dass Sie ihre Aufmerksamkeit auf häufig gekaufte Produkte lenken, die in einer Zweitplatzierung nahe der Kasse aufgestellt sind. Zum Beispiel findet man in Supermärkten häufig Süßigkeiten, Rasierer und Magazine im Kassenbereich.[60] In Elektronikmärkten wird Zubehör wie USB-Kabeln, Computermäuse, Mousepads und Laserpointer in Schütten vor den Kassen angeboten. Die nahe den Kassen platzierten Waren helfen nicht nur, die Kunden vom Warten abzulenken, sondern sie erhöhen auch die Wahrscheinlichkeit von Impulskäufen.

Es gibt aber auch noch andere Möglichkeiten, um für Kunden die Zeit an der Kasse so angenehm wie möglich zu gestalten:

- *Express-Kassen*. Express-Kassen, an denen maximal eine bestimmte Anzahl an Artikeln gekauft werden können, erhöhen den Komfort und verringern die Wartezeit von Kunden, die nur einen kleinen Einkauf erledigen möchten.

- *Selbstbedienungskassen*. Kunden interessieren sich vor allem dann für Kassen, an denen sie ihre Waren selbst scannen können, wenn sie nicht mehr als 10 bis 15 Artikel kaufen. Forschungsergebnisse zeigen, dass die Kontrolle über den eigenen Einkauf, die Verlässlichkeit der Scannerkasse, eine möglichst einfache Benutzung und Vergnügen bei der Handhabung Faktoren sind, die Kunden dazu veranlassen, Scannerkassen zu benutzen. Allerdings sollten reguläre Kassen nicht vollständig durch Selbstbedienungskassen ersetzt werden, da die gleiche Studie auch gezeigt hat, dass viele Konsumenten der Meinung sind, ein Recht auf Bedienung zu haben,[61] oder sich mit Selbstbedienungskassen nicht zurechtfinden.

- *Kassen ohne Süßigkeiten*. Auch wenn manche Kunden während der Wartezeit an der Kasse gerne Süßigkeiten kaufen, so können Süßigkeiten in der Kassenzone für Familien mit Kleinkindern doch einen erheblichen Stressfaktor darstellen. Um kleine Kinder davon abzuhalten, beim Warten nach Süßigkeiten zu greifen und Mutters Nerven zu strapazieren, bieten manche Supermärkte eigens gekennzeichnete Kassen an, an denen in den Displays Batterien oder gesunde Snacks statt Bonbons angeboten werden.

- *Stressreduzierte Atmosphäre*. Auch die Atmosphäre im Laden kann die wahrgenommene Wartezeit verkürzen. Zum Beispiel kann ein in Blau- und Grüntönen gehaltener Kassenbereich zur Deaktivierung und Entspannung nervöser Kunden beitragen.

Zu guter Letzt hat dann natürlich auch noch eine freundliche Person an der Kasse einen großen Einfluss darauf, den Kunden zu überzeugen, dass sich das Warten an der Kasse gelohnt hat.

Das Wichtigste in Kürze

Hier sind die wichtigsten Erkenntnisse aus diesem Kapitel:

- Erfolgreiche Ladengestaltung beginnt mit dem richtigen Standort.
- In einem Einkaufszentrum sollte das Geschäft seinen Standort in der Nähe von anderen Geschäften, die die gleiche Zielgruppe ansprechen, oder neben Gastronomiebetrieben haben.
- Verwenden Sie Techniken der Ladengestaltung, um das Parken für Kunden so einfach und komfortabel wie möglich zu machen.
- Setzen Sie den Fußboden ein, um das Gehverhalten von Kunden zu beeinflussen: Weiche Bodenbeläge reduzieren die Gehgeschwindigkeit der Kunden.
- Passen Sie die im Laden verwendeten Materialien dem Sortiment an. Verwenden Sie nicht zu viele verschiedene Materialien, um ein harmonisches Image zu erzielen.
- Kunden haben verschiedene Assoziationen mit den im Laden verwendeten Materialien. Dementsprechend sollten Materialien verwendet werden, welche die Vorteile und Werte des Ladens kommunizieren.
- Zwei Arten von Displays werden in Geschäften verwendet. Präsentationsdisplays informieren die Kunden (z.B. über Sonderangebote). Warendisplays werden vorwiegend für Zweit- und Mehrfachplatzierungen von Produkten eingesetzt, um Spontankäufe auszulösen.
- In hohen Räumen sind Kunden kreativer und beurteilen Produkte ganzheitlich, in niedrigen Verkaufsräumen inspizieren sie die Ware hingegen genauer.
- Verwenden Sie nur eine begrenzte Anzahl an Displays, ansonsten wirkt das Geschäft bald unübersichtlich und überladen.
- Setzen Sie Spiegel ein, um zu beeinflussen, wie die Kunden sich selbst, die Ware und den Laden wahrnehmen.
- Die Kassenzone ist Ihre letzte Chance, um einen guten Eindruck auf Kunden zu machen, bevor sie das Geschäft verlassen. Halten Sie die wahrgenommene Wartezeit so kurz wie möglich (z.B. durch eine Single-Line-Konfiguration der Warteschlange).

Kapitel 4

Visual Merchandising
Die Kunst und Wissenschaft der
Warenpräsentation

An einem schönen Samstagmorgen gehen Jonas und Erika gerade die Straße entlang, als ihre Aufmerksamkeit auf einen Bauernmarkt fällt. Sie vernehmen die lauten und selbstbewussten Rufe der Standinhaber, die frisches Obst und Gemüse sowie andere Leckereien anpreisen. Sie entscheiden sich, die Marktstände genauer anzusehen. Und sind sogleich von einem Stand fasziniert, in dem das Obst und Gemüse in kunstvollen Pyramiden aufgeschichtet ist. Früchte mit ähnlicher Farbe sind nebeneinander drapiert, was dem Stand einen harmonischen Gesamteindruck gibt. Das Paar entdeckt eine Fülle an exotischen Früchten, unter anderem einen Stapel Kokosnüsse, der vor einem Bild eines paradiesischen, unberührten Palmenstrands aufgebaut ist. Jonas und Erika können der Verlockung nicht länger widerstehen, und bevor sie weitergehen, kaufen sie eine Vielzahl an Früchten, die sie vorher noch nie probiert hatten. Willkommen in der Welt des Visual Merchandising.

Was ist Visual Merchandising?

Kurz gesagt, ist Visual Merchandising die Kunst und Wissenschaft der Warenpräsentation. Visual Merchandising ist die „Sprache des Ladens", durch die der Handel mittels Produkten und Warenpräsentationen mit den Kunden kommuniziert. So wie jede Sprache ihre eigene Grammatik und Logik hat, so hat auch Visual Merchandising seine eigenen Regeln und Prinzipien. Diese werden wir in diesem Kapitel erkunden.

Auch wenn Visual Merchandising häufig mit Bekleidungsgeschäften in Verbindung gebracht wird, so spielt die Warenpräsentation auch in anderen Branchen eine nicht weniger wichtige Rolle. In Modegeschäften werden Kleidungsstücke auf Gliederpuppen präsentiert. In einer Konditorei werden Cupcakes auf einem eleganten Silbertablett drapiert. Das Gemüse im Supermarkt kann nach Farben sortiert angeboten werden, und in einer Parfümerie können markante Präsentationstische den Verkauf der Produkte visuell unterstützen (siehe Abb. 4.1).

Mit einer guten Visual-Merchandising-Strategie verkaufen sich Produkte – beinahe – von selbst. Tatsächlich wurde in einer Studie über den Einfluss von Visual Merchandising auf den Absatz von Konsumgütern festgestellt, dass der Effekt von Visual-Merchandising-Techniken auf das Markenwechselverhalten in etwa mit einer 15- bis 20%igen Preisreduktion gleichzusetzen ist.[1] Eine ausgeklügeltere Visual-Merchandising-Strategie kann sogar noch zu stärkeren Effekten führen, indem sie die Aufmerksamkeit der Konsumenten auf bestimmte Produkte lenkt, ungeplante Käufe auslöst und ein ansprechendes Gesamtbild des Geschäfts schafft.

Abb. 4.1. Visual Merchandising in einer Parfümerie

Zusätzlich wirkt sich die Warenpräsentation insgesamt auf das Laden-image aus. Ein Lebensmitteldiskonter etwa könnte einfache Paletten zur Produktpräsentation verwenden, wohingegen ein Geourmetgeschäft ele-gante Präsentationstische, Regale und Vitrinen mit kunstvoll arrangierten Produkten einsetzen könnte. Es ist daher sehr wichtig, die passende Visual-Merchandising-Strategie mit allen anderen Elementen der Ladengestaltung abzustimmen, so etwa dem Geschäftslayout oder der Ladenatmosphäre.

Bei der Planung des Visual Merchandising müssen verschiedene Aspekte berücksichtigt werden. Wie so oft im Marketing hilft es dabei, das Visual Merchandising aus der Perspektive der Kunden zu betrachten. Was erwar-ten sich Kunden von der Produktpräsentation im Laden? Diese Kundenbe-dürfnisse lassen sich in drei Prinzipien zusammenfassen.[2]

Machen Sie die Ware sichtbar

Auch wenn dieser Hinweis offensichtlich erscheint, so ist er es doch nicht, wie wir in vielen der Läden, die wir in den letzten 20 Jahren besucht und analysiert haben, bemerken mussten. Bisweilen fanden wir Waren, die hin-ter großen POP-Displays versteckt waren. Dies mag zwar vorteilhaft für die Produkte im Display sein, aber wir sind der Meinung, dass auch Produkte in weniger prominenten Positionen ein Recht haben, gesehen zu werden.

In anderen Fällen waren die Produkte überhaupt nicht im Regal. Sie wurden einfach nicht (rechtzeitig) nachgefüllt, und es wurde auch kein Versuch unternommen, die Lücken zwischenzeitlich zu füllen. Halbleere Regale waren vielleicht im Ostblock vor der Wende in den späten 1980er-Jahren die Norm, aber im heutigen Zeitalter von Warenwirtschaftssystemen sind sie unentschuldbar. Kunden können jedenfalls nur das kaufen, was sie sehen. Daher ist es für das Visual Merchandising essenziell, die Ware sichtbar zu machen.

Machen Sie die Ware greifbar und einfach zugänglich

Konsumenten tendieren dazu, die meisten Produkte anzugreifen, bevor sie sie kaufen. Der Sehsinn ist zwar der wichtigste Sinn für die menschliche Informationsaufnahme, aber die Berührung erlaubt es den Kunden, eine emotionale Verbindung mit dem Produkt herzustellen. „Seeing is believing", aber bei der emotionalen Kommunikation hilft auch der Tastsinn. Die Weichheit des Cashmere-Pullovers, das Smartphone, das fest und sicher in der Hand liegt, die sinnlichen Kurven der Shampooflasche und das wohlige Gefühl, auf einem weichen Sofa zu sitzen – sie alle verkaufen das Produkt. Außerdem ist die Möglichkeit, das Produkt anzugreifen, ein wesentlicher Vorteil des stationären Handels gegenüber Onlineshops.

Trotzdem findet man in vielen Geschäften verschlossene Vitrinen, oder es werden andere Methoden eingesetzt, um Kunden daran zu hindern, sich selbst zu bedienen und Produkte auszuwählen (z.B. indem die Produkte auf hohen Regalen liegen, die zu erreichen kleinere Kunden keine Chance haben). Es ist zwar verständlich, dass teure Juwelen unter Verschluss gehalten werden, um Ladendiebstahl zu verhindern, aber ist es wirklich notwendig, Kondome in versperrten Glasvitrinen zu präsentieren, so wie das in vielen amerikanischen Drogeriemärkten gängige Praxis ist? Wie viele Liebespaare, die zu schüchtern waren, um einen Verkäufer nach dem Schlüssel zu fragen, um die Vitrine aufzusperren, wurden wohl über die Jahre aus den Läden vertrieben, frustriert und unzufrieden mit dem Geschäft?

Eine andere Kundengruppe, die schnellen und einfachen Zugang zu ihren Objekten der Begierde haben möchte, sind Leseratten. Kürzlich haben wir ein japanisches Buchgeschäft in Bangkok besucht. Auf den ersten Blick war der Laden hervorragend gestaltet. Als wir jedoch einen näheren Blick auf die Bücher warfen, waren wir schockiert. Jedes einzelne der Tausenden Bücher im Geschäft war in eine undurchdringliche Plastikfolie eingeschweißt. Schilder an jedem Buchregal ließen die Kunden wissen: „Bitte lassen Sie die Bücher an der nächsten Servicetheke vom Personal auspacken." Dies taten wir mit den ersten beiden Büchern, die uns interessierten, dann aber stoppten wir. Wie viele Bücher kann man sich schließlich von dem freundlich lächelnden Verkäufer auspacken lassen? Dies war einer der sehr seltenen Fälle, in denen wir ein Buchgeschäft verließen, ohne ein Buch gekauft zu haben.

In vielen Produktgruppen wollen die Käufer nicht nur die Verpackung, sondern auch das Produkt sehen. Deshalb sollte in Geschäften, in denen solche Produkte verkauft werden, eine Auswahl an ausgepackten Produkten präsentiert werden. Zum Beispiel, in einem Elektronikgeschäft sollten Kameras zu Demonstrationszwecken ausgepackt präsentiert werden. Somit können Kunden die Produkte angreifen und ausprobieren, und sie können sich dann aufgrund ihrer Erfahrungen für einen bestimmten Kauf entscheiden. Viele Ausstellungsstücke sind natürlich unbrauchbar, nachdem sie von Tausenden Kunden angefasst wurden, aber ist das nicht ein kleiner Preis, der dafür zu zahlen ist, dass viele zusätzliche Produkte gekauft werden?

Geben Sie den Kunden die richtige Auswahl an Produkten

Konsumenten möchten die volle Kontrolle über das haben, was sie tun. Visual Merchandising sollte dazu verwendet werden, um den Kunden das Gefühl der Entscheidungsfreiheit zu geben und nicht das Gefühl, dass sie zu einem Kauf gedrängt werden. Manche Geschäfte bieten bewusst nur eine kleine Anzahl an Produktalternativen an. Diese Strategie ist auf dem Prinzip der Verknappung aufgebaut. Das Prinzip der Verknappung basiert auf der Annahme, dass wertvolle Objekte selten sind und dass sich somit durch die künstliche Verknappung der Auswahl oder Verfügbarkeit der wahrgenommene Wert von Produkten steigern lässt.[3] Beispiele dafür sind limitierte Auflagen oder Sonderangebote, die nur für kurze Zeit verfügbar sind. Das Prinzip der Verknappung kann im Visual Merchandising erfolgreich eingesetzt werden. Der übertriebene Einsatz kann jedoch dazu führen, dass sich Konsumenten in ihrer Freiheit beschränkt oder manipuliert fühlen, was sich in weiterer Folge negativ auf die Kundenzufriedenheit auswirkt. Zu viele Auswahlmöglichkeiten sind allerdings auch nicht gut. Wenn Kunden mit zu vielen Produkten oder Marken konfrontiert werden, kann dies zu kognitiver Überlastung führen. Mit diesem Thema werden wir uns im nächsten Abschnitt beschäftigen.

Weniger ist mehr: ein zentrales Prinzip der Warenpräsentation

Stellen Sie sich vor, Sie sind in einem Supermarkt, in dem zahlreiche Sorten Konfitüre angeboten werden. Es gibt Erdbeere, Brombeere, Traube, Himbeere, Apfel, Pfirsich, Stachelbeere, Ribisel, Johannesbeere, Preiselbeere, Kiwi und viele andere. Alles in allem 24 verschiedene Geschmacksrichtungen. Ändern wir jetzt das Szenario. Stellen Sie sich nun vor, der Supermarkt verkauft nur die sechs beliebtesten Geschmacksrichtungen. Würden Sie eher ein Glas Konfitüre kaufen, wenn 24 Geschmacksrichtungen angeboten werden oder wenn Sie aus nur sechs auswählen können?

Wenn man ihnen diese Frage stellt, zögern viele Konsumenten nicht lange. Ihr Bauchgefühl sagt ihnen: „Eine große Auswahl ist immer gut!"

Dementsprechend geben sie an, dass sie lieber eine große Auswahl an Konfitüresorten hätten als eine kleine. Ist denn nicht die Wahlmöglichkeit ein Privileg des modernen Konsumenten? Im Laufe der Zeit hat die Anzahl der Produkte, aus denen Konsumenten wählen können, dramatisch zugenommen. Im Jahr 1949 führte ein durchschnittlicher amerikanischer Supermarkt 3.750 unterschiedliche Produkte, in der heutigen Zeit hingegen etwa 45.000.[4] Eine große Auswahl mag zwar in der Theorie positiv sein, aber wenn wir in einem Laden mit einer riesigen Anzahl an Produkten konfrontiert werden, stellt sich die Situation doch etwas anders dar.

Die beiden beschriebenen Szenarios waren Teil eines Experiments, das zwei Psychologen, Sheena Iyengar und Mark Lepper, in einem Geschäft durchführten. In einem gehobenen kalifornischen Supermarkt stießen die Kunden eines Tages auf einen Probierstand mit entweder 24 oder sechs verschiedenen Geschmacksrichtungen Konfitüre. Wesentlich mehr Kunden (60%) wurden von dem Stand mit der großen Auswahl angezogen als von jenem mit der eingeschränkten Auswahl (nur 40%). Als jedoch gemessen wurde, wie viele Konsumenten Konfitüre gekauft hatten, waren die Ergebnisse völlig anders geartet. Von jenen Kunden, die eine Konfitüre aus dem eingeschränkten Angebot gekostet hatten, tätigten 30% einen Kauf. Von denjenigen Kunden, die aus der großen Palette aus Konfitüren die Wahl treffen mussten, kauften hingegen nur magere 3% ein Glas.[5]

Angesichts dieser Ergebnisse scheint es, dass eine große Produktauswahl für die Kunden (und den Handel) nicht notwendigerweise positiv ist. Einige Studien haben dieses Phänomen, das auch als „Tyrannei der Auswahl" bezeichnet wird, untersucht und die negativen Konsequenzen einer zu großen Wahlmöglichkeit aufgezeigt. Kunden, die aus zu vielen Optionen auswählen müssen, bereuen ihre Kaufentscheidung im Nachhinein wesentlich häufiger als Kunden, die weniger Wahlmöglichkeiten hatten. Außerdem treffen Konsumenten, die überfordert sind, oft überhaupt keine Kaufentscheidung. Das Resultat ist, dass sie das Geschäft verlassen, ohne irgendeine der Alternativen gekauft zu haben, entweder weil sie den Kauf auf später aufschieben oder – im schlimmsten Fall – überhaupt keinen Kauf mehr tätigen wollen. Durch eine effektive Visual-Merchandising-Strategie lassen sich diese unerwünschten Konsequenzen jedoch vermeiden. Es gibt zwei Lösungen:

1. *Reduzierung der gelisteten Artikel.* Viele Geschäfte haben mit Erfolg die Anzahl der zum Kauf angebotenen Artikel reduziert. Eines davon ist Trader Joe's. Diese äußerst erfolgreiche Supermarktkette, ein Tochterunternehmen der Aldi-Gruppe, ist vorwiegend in Kalifornien konzentriert, expandiert jedoch nunmehr im Rest der Vereinigten Staaten. Trader Joe's hat nur 4.000 Artikel im Sortiment, weniger als ein Zehntel der von einem durchschnittlichen amerikanischen Supermarkt geführten Produkte.[6] Jedes der gelisteten Produkte wurde jedoch sorgfältig ausgewählt, um sicherzustellen, dass es von höchster Qualität ist.

2. *Visuelle Strukturierung des Sortiments.* Wenn ein reduziertes Sortiment angeboten wird, mag das den Kunden bei der Auswahl helfen. Allerdings

hat das zuvor beschriebene Konfitüre-Experiment auch gezeigt, dass Konsumenten von einem größeren Sortiment stärker angezogen wurden als von einer kleineren Produktauswahl. Um beiden Erfordernissen Genüge zu tun, empfehlen wir Folgendes: Arrangieren Sie die Produkte klar und selektiv. Dieser Effekt kann erreicht werden, indem nur einige wenige Alternativen visuell hervorgehoben werden, obwohl gleichzeitig eine größere Produktauswahl präsentiert wird. Denken Sie etwa an Multimedia-Geschäfte, die oft die Top 10 der Woche gesondert präsentieren.

Auf ähnliche Weise haben wir das Sortiment einer Vinothek umgestaltet. Anstatt alle Weine gleich zu betonen, wählten wir in jeder Abteilung des Geschäfts einige Weine aus. Mit dieser neuen Anordnung waren Weinliebhaber nach wie vor von dem großen Angebot, für das unser Klient berühmt ist, beeindruckt. Gleichzeitig sahen die Kunden allerdings auch die empfohlenen Weine in jeder Abteilung: fünf empfohlene Schaumweine, fünf empfohlene Dessertweine, und so weiter. Die Weine in der Vorauswahl wurden auf einfache Weise visuell hervorgehoben, indem wir sie auf ein kleines Podest im Regal stellten und ein Schild mit der Aufschrift „Von unseren Kunden empfohlene Schaumweine" anbrachten (siehe Abb. 4.2). Während die wahren Weinexperten nach wie vor ihre eigene, sehr persönliche Auswahl trafen, war die Entscheidung für die Mehrheit der Kunden nunmehr viel einfacher – was sich letztendlich auch in einer Absatzsteigerung auswirkte.

Abb. 4.2.   Visuell strukturierte Warenpräsentation mit visueller Hervorhebung einiger Produkte

Verschiedene Möglichkeiten, Ihre Produkte zu präsentieren

Es ist Samstagvormittag und Stefan trifft eine Entscheidung, die er sich schon lange vorgenommen hatte. Er entschließt sich, einen Esstisch zu kaufen. Er hatte diesen Kauf lange genug vor sich hergeschoben, aber da eine Seite seines alten Tisches auf Boxen anstatt auf einem Tischbein steht, wurde es allerhöchste Zeit, einen neuen Tisch anzuschaffen. Stefan denkt mit Schrecken an seinen letzten Besuch in einem Möbelhaus zurück. Damals musste er aus einer großen Anzahl an Anrichten, die alle in Reih und Glied an langen Wänden standen, eine passende auswählen. Seine Entscheidung dauerte beinahe zwei Stunden, und im Nachhinein stellte sich heraus, dass die Anrichte, die er letztendlich kaufte, für seine Ein-Zimmer-Wohnung zu sperrig war. Schließlich überwindet er seine Hemmungen und fährt zum Möbelgeschäft. Er betritt zögerlich das Geschäft und erwartet sich, wieder verwirrend angeordnete Möbel zu sehen. Allerdings bemerkt er sofort nach dem Betreten, dass sich der Laden verändert hat. Anstatt die Esstische in einer Ecke zu präsentieren, die Sofas in einer anderen Ecke und die Küchen im ersten Stock, führt ein breiter Gang die Kunden von einem voll eingerichteten Wohnraum in den nächsten. Steve folgt dem Gang und betritt eine Ausstellungskoje, die genau der Größe seiner Wohnung entspricht. Der Raum, in dem sich ein Sofa mit schön angeordneten Zierpölstern, ein Bücherregal und ein attraktiver kleiner Esstisch befinden, sieht beinahe so gemütlich wie seine eigene Wohnung aus. Stefan ist sich sicher, dass der Tisch in seiner Wohnung mindestens so gut wie hier aussehen wird. Da ihm auch die Stühle und die Tischdecke gefallen, entschließt er sich spontan, auch gleich vier Sessel und eine neue Tischdecke zu kaufen. Stefan hat Bekanntheit mit einer Präsentationsform gemacht, die von Handelsexperten als Verbundpräsentation bezeichnet wird.

Verbundpräsentationen sind nur eine Möglichkeit, wie Geschäfte Waren präsentieren können. In diesem Abschnitt möchten wir einen kurzen Überblick über die Ziele der Warenpräsentation geben, gefolgt von einer Diskussion der verschiedenen Methoden, die verwendet werden können, um Produkte zu präsentieren – einschließlich der Verbundpräsentation, durch die sich Stefan so sehr angesprochen fühlte.

Generell zielt die Produktpräsentation darauf ab, ein klar verständliches Bild des gesamten Ladens zu schaffen. Letztendlich sollten Kunden auf einfache und angenehme Weise das finden, wonach sie suchen. Die spezifische Warenpräsentation hängt natürlich vom Sortiment ab. Zum Beispiel wird ein Bekleidungsgeschäft seine Waren nach Marken, Stilen oder Größen geordnet präsentieren. Im Gegensatz dazu muss ein Lebensmittelgeschäft zusätzliche Produkteigenschaften wie das Ablaufdatum oder das Gewicht berücksichtigen. Dennoch gilt es, unabhängig vom Produkt, einige Punkte zu berücksichtigen:[7]

- *Präsentieren Sie die Ware in möglichst einfach verständlicher Weise.* Zum Beispiel arrangieren Sie Produkte in einer logischen Abfolge (z.B. Oberteile und Jacken auf den oberen Regalen, Röcke und Hosen in der unteren Regalhälfte; die Größen in ansteigender Reihenfolge geordnet).

- *Vereinfachen Sie durch die Warenpräsentation den Entscheidungsprozess.* Produkte sollten nicht nur innerhalb der Produktkategorie logisch und verständlich geordnet werden, sondern sie sollten auch so präsentiert werden, dass dem Käufer durch die Präsentation Zusatzprodukte vorgeschlagen werden. Beispielsweise könnten in einem Lebensmittelgeschäft Gewürzmischungen in der Fleischabteilung aufgestellt werden. Kunden wissen es zu schätzen, wenn sie an Produkte erinnert werden, die sie ansonsten vergessen hätten zu kaufen – und dem Umsatz schadet dies ganz sicher auch nicht.
- *Präsentieren Sie Produkte auf der richtigen Höhe.* Nach Möglichkeit sollten Produkte weder zu hoch noch zu niedrig platziert werden. Kunden möchten sich weder strecken noch bücken müssen. (Siehe dazu auch Kapitel 1.)
- *Vermeiden Sie Lücken.* Verkaufte Produkte sollten so schnell wie möglich nachgefüllt werden. Zum Beispiel könnten Sie für bestimmte Produkte die Regale mit automatischen Schiebern ausstatten, wie sie beispielsweise für Getränke verwendet werden.

Wenn Sie alle diese Vorschläge berücksichtigen, kann eine Visual-Merchandising-Strategie einfach entwickelt werden. Ob Ihr Laden jedoch attraktiv aussieht oder nicht, hängt in hohem Maß auch von den eingesetzten Dekorationselementen, Puppen und Displays ab.

Dekorationselemente, Puppen und Displays: Setzen Sie sie richtig ein

Dekorationselemente (auch „Props" oder „Requisiten" genannt) werden verwendet, um die Funktion der angebotenen Produkte zu verdeutlichen oder um Geschichten über die Produkte zu erzählen. Requisiten sind üblicherweise unverkäuflich. Beispiele für Props sind Plastikfrüchte in der Obstabteilung eines Supermarkts, künstliches Sushi in der Auslage eines Sushi-Lokals, eine bekleidete Schaufensterpuppe in einem Modegeschäft oder ein künstliche Wiese mit Blumen und Gießkannen zur Präsentation von Rasenmähern in einem Baumarkt.

Props stellen wichtige Werkzeuge dar, um ein zentrales Ziel des Visual Merchandising zu erreichen, nämlich jenes, Kunden anzuziehen, unter Umständen sogar aus einiger Entfernung. Wenn sie entsprechend überraschend und aktivierend sind, überqueren Passanten möglicherweise sogar die Straße, um sich die Waren in einem Schaufenster genauer anzusehen. In ähnlicher Weise können Props auch eingesetzt werden, um die Aufmerksamkeit der Kunden im Geschäft anzuziehen. Um die Wirksamkeit von Props zu verstärken, ist es sinnvoll, die folgenden Regeln zu beachten:

- *Verwenden Sie die passende Anzahl an Produkten.* Wenn zu wenige Artikel zusammen mit einem Prop präsentiert werden, erscheint es, als ob das

Produkt ausverkauft sei, oder es entsteht im Extremfall der Eindruck, das Geschäft befände sich in Auflösung. Wenn hingegen zu viele Produkte mit einem Prop präsentiert werden, kann das Prop seine kommunikative Wirkung nur schwer entfalten und die Warenpräsentation wirkt auch weniger attraktiv.[8] Wenn zum Beispiel in einem Baumarkt drei Rasenmäher anstatt nur einem präsentiert werden, kann es sein, dass die Kunden die als Dekorationselement gedachte künstliche Wiese und Blumen gar nicht bemerken.

- *Verwenden Sie Props, um Zubehör zu präsentieren.* Eine Konditorei kann Päckchen mit Vanillezucker in einem Kristallgefäß neben den zum Kauf angebotenen Keksen präsentieren, damit sich die Kunden zu Hause Zucker auf die Kekse streuen können. In Modegeschäften werden Ketten, Handtaschen und Strumpfhosen gemeinsam mit der Bekleidung auf den Schaufensterpuppen präsentiert.
- *Platzieren Sie die präsentierten Produkte in der Nähe der Produktpräsentation.* Wie Sie bereits wissen, sind Kunden schnell irritiert, wenn sie ein Produkt nicht finden können. Daher sollten Sie sicherstellen, dass die Produkte, die gemeinsam mit Props präsentiert werden, in unmittelbarer Nähe zum Kauf bereitstehen.
- *Wechseln Sie Props in regelmäßigen Abständen.* Wie oft Props gewechselt gehören, hängt von der Saison und der im Geschäft verwendeten Thematisierung ab. Allerdings, kein Prop sollte so lange eingesetzt werden, bis es Staub fängt.[9] Falls Sie Schaufensterpuppen einsetzen, sollten Sie auch sicherstellen, dass deren Bekleidung nicht vor den Augen der Kunden geschieht, da dies einen unprofessionellen Eindruck hinterlassen kann.[10] Manche Kunden reagieren auch negativ, wenn bei der Dekoration von Puppen Gliedmaßen fehlen oder unnatürlich verdreht sind.
- *Platzieren Sie Gliederpuppen so, dass sie aus einer Drei-Viertel-Perspektive betrachtet werden.* Schaufensterpuppen wirken besser, wenn sie so aufgestellt sind, dass Kunden sie vorwiegend schräg von vorne betrachten (siehe Abb. 4.3).[11]

Abb. 4.3. Sicht auf Gliederpuppen aus der Drei-Viertel-Perspektive

Props können in beinahe jeder Art der Produktpräsentation eingesetzt werden. Generell lassen sich zwei Präsentationsformen unterscheiden: die traditionelle Präsentation und die Verbundpräsentation.

Die traditionelle Warenpräsentation

In einer konventionellen Produktpräsentation werden Waren nach Produktkategorien geordnet platziert (z.B. verschiedene Arten von Tischen wie Couchtische, Esstische, Schreibtische) oder nach ihrem Status (Luxusprodukte vs. alltägliche Produkte). In einem Elektronikgeschäft werden beispielsweise Fernsehgeräte oft nach der Größe geordnet. Eine andere Produktanordnung wäre, alle Fernsehgeräte eines bestimmten Herstellers nebeneinander zu präsentieren. Anders ausgedrückt, alle Produkte in ihren verschiedenen Formen (z.B. unterschiedliche Marken, unterschiedliche Größen) befinden sich nebeneinander.

Es gibt verschiedene Möglichkeiten, Props in einer traditionellen Produktpräsentation einzusetzen. Zum Beispiel kann in der Weinabteilung eines Supermarkts ein Weinfass aufgestellt werden. Das Fass in Abb. 4.4 weist auf den traditionellen Reifevorgang von Wein hin, und der links angebrachte Touchscreen kann von den Kunden dazu verwendet werden, um sich über die angebotenen Weine zu informieren – ein interessanter Kontrast.

Abb. 4.4. Traditionelle Präsentation mit Props

Farben, gemeinsam mit Lichteffekten, können ebenfalls dazu verwendet werden, eine traditionelle Warenpräsentation ansprechender zu gestalten.

Zum Beispiel kann in einem Lebensmittelgeschäft bläuliches Licht in der Fischabteilung und rötliches Licht in der Fleischabteilung verwendet werden. Obst kann in Körben aus natürlichem Material präsentiert werden. Allerdings muss man darauf achten, dass die Props die Produkte nicht in den Schatten stellen. Zum Beispiel, wenn eine kleine Packung Sonnencreme auf einer großen Sandfläche mit einem Sonnenstuhl, Palmen und Strandtüchern ausgestellt wird, dann wird sich die Aufmerksamkeit der Kunden auf die Dekorationselemente und nicht auf das Produkt richten, ganz einfach deshalb, weil diese aufgrund ihrer Größe die Aufmerksamkeit auf sich ziehen.

Die kontextorientierte Verbundpräsentation

Immer mehr Kaufentscheidungen werden erst am Point of Sale, im Laden, getroffen. Durchschnittlich sind mehr als ein Drittel aller Kaufentscheidungen in Kaufhäusern Impulskäufe.[12] Tatsächlich sind in manchen Branchen bis zu 80% aller Käufe ungeplant.[13] Da sich viele Käufer erst im Geschäft entscheiden, kann eine effektive Visual-Merchandising-Strategie solche Spontankäufe erheblich steigern. Eine sehr wirksame Art, dies zu erreichen, ist der Einsatz von Verbundpräsentationen.[14] In einer Verbundpräsentation werden Produkte, die gemeinsam verwendet werden (können), miteinander präsentiert.

Abb. 4.5. Traditionelle Präsentation (links) und kontextorientierte Verbundpräsentation (rechts)

Ein Beispiel für eine solche Verbundpräsentation sehen Sie in Abb. 4.5. Anstatt Brot in ein Regal zu legen, Weine in ein anderes Regal und Körbe

wiederum in ein anderes Regal (siehe linke Seite von Abb. 4.5), werden diese Produkte in einer Verbundpräsentation als Picnickkorb präsentiert (siehe
rechte Seite von Abb. 4.5). Um das volle Potential einer Verbundpräsentation auszuschöpfen, ist es nicht ausreichend, Produkte die in einem Verwendungszusammenhang stehen, miteinander zu präsentieren. Vielmehr
ist es notwendig, auch Props einzusetzen, wie in diesem Fall eine grüne
Wiese, eine Picnickdecke und einen Baum, um die Phantasie der Kunden
anzuregen und ihnen zu zeigen, wie sie die Produkte gemeinsam nutzen
können. Werden Props miteinbezogen, wird dies als kontextbezogene Verbundpräsentation bezeichnet.

Es gibt drei Möglichkeiten, Produkte für eine Verbundpräsentation auszuwählen:

- *Verwendungszusammenhang.* Produkte, die häufig miteinander verwendet
  werden, weil sie einander ergänzen, können im Verbund präsentiert
  werden. Beispielsweise können in einem Einrichtungshaus Tische, Sessel
  und Geschirr zusammen präsentiert werden (siehe Abb. 4.6).
- *Anlass.* Produkte können auch nach ihrer Verwendung zu bestimmten
  Anlässen miteinander gruppiert werden. Zum Beispiel könnte ein Supermarkt um Halloween herum Süßigkeiten und Kürbisse in einem kunst-
  fertigen Display miteinander präsentieren.
- *Phantasie.* Produkte, die mit einem bestimmten Thema in Verbindung
  stehen, können gemeinsam präsentiert werden. Zum Beispiel könnte ein
  Schreibwarengeschäft Produkte für Schulkinder im Rahmen eines von
  Film oder Fernsehen inspirierten Themas wie Star Wars, Der Herr der
  Ringe oder Hannah Montana präsentieren.

Abb. 4.6.   Verbundpräsentation eines gedeckten Tisches

Der größte Vorteil der Verbundpräsentation ist, dass Kunden eine bessere Vorstellung erhalten, wie bestimmte Produkte verwendet werden können und welche Produkte einander ergänzen. Dieses Wissen führt zu für den Handel wünschenswerten Folgen. In einem Laden, in dem die Verbundpräsentation eingesetzt wird, werden die Waren besser bewertet als in Geschäften, in denen Produkte nur in traditioneller Weise präsentiert werden. Außerdem konnte festgestellt werden, dass Konsumenten auch in eine bessere Stimmung versetzt werden, wenn die Verbundpräsentation eingesetzt wird.[15]

In den meisten Fällen entnehmen die Kunden die gewünschten Produkte nicht direkt aus der Verbundpräsentation. Wenn sie es täten, müsste das Verkaufspersonal den Esstisch, den Sie in Abb. 4.6 gesehen hatten, täglich oder vielleicht sogar stündlich neu dekorieren. Stattdessen sind die Produkte üblicherweise auf Warenträgern abseits der Verbundpräsentation für die Kunden verfügbar. Dies veranlasste uns zur Frage, ob die positiven Effekte der Verbundpräsentation auf den Kunden auch dann noch wirken, wenn der Käufer die Umgebung, in der sich die Verbundpräsentation befindet, verlassen hat und das Produkt nunmehr „nackt", also ohne Dekorationselemente und zusätzliche Produkte, sieht.

Um diese Frage zu beantworten, führten wir ein Experiment in einem Möbelgeschäft durch. Die Konsumenten mussten dabei ein Sofa, das entweder als Teil eines Wohnzimmers (Abb. 4.7) oder traditionell mit anderen Sofas präsentiert wurde, bewerten. Die Ergebnisse zeigen, dass eine Verbundpräsentation die Produktbewertung selbst dann noch verbessert, wenn das Produkt zunächst im Verbund gesehen und erst dann als Teil einer traditionellen Präsentation bewertet wird.[16] Diese Resultate sind für den Handel erfreulich, da sie zeigen, dass die Verbundpräsentation noch immer im Kopf der Kunden nachwirkt, wenn diese das Produkt später im Regal nochmals sehen.

Abb. 4.7. Verbundpräsentation: Sofa als Teil eines Wohnzimmers

Planogramme

Trotz aller strategischen Überlegungen und relevanten Forschungsergebnisse ist es oft nicht einfach, das Visual Merchandising in der Praxis umzusetzen. Vor allem auch, weil die Planung und Ausführung meist durch unterschiedliche Personen erfolgt. Aus diesem Grund empfehlen wir, Planogramme einzusetzen, die den Mitarbeitern im Laden zeigen, wo und wie die Waren präsentiert werden sollten.

Ein Planogramm ist eine schematische Zeichnung der Regale oder anderer Warenträger, die dabei hilft, den Regalplatz in einem Laden optimal zu nutzen.[17] Planogramme stellen somit ein hilfreiches Werkzeug für die Produktpräsentation dar. Ein in einem Modegeschäft eingesetztes Planogramm könnte so wie in Abb. 4.8 dargestellt aussehen.

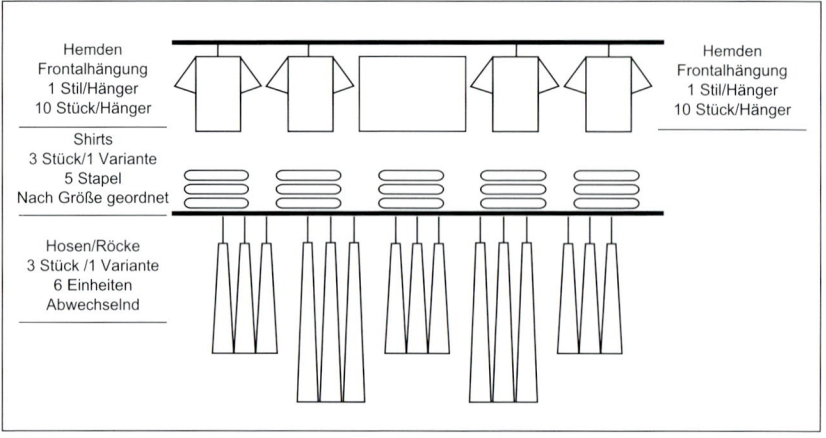

Abb. 4.8. Ein Planogramm für ein Modegeschäft

Planogramme werden jedoch nicht nur in Bekleidungsgeschäften, sondern genauso in anderen Branchen verwendet. Die Komplexität von Planogrammen variiert und kann von einem Foto eines Musterregals über eine Zeichnung bis hin zu einer computerbasierten Visualisierung reichen. Planogramme erfüllen folgende Funktionen:

- Vereinfachung des Warennachschubs
- Sicherstellung des einheitlichen, markenkonformen Auftritts von Filialen
- Hilfe bei der Planung der Produktzuteilung

Zusätzliche helfen Planogramme dem Verkaufspersonal gemeinsam mit einem Warenwirtschaftssystem, den Überblick über die präsentierten Waren zu behalten. Planogramme helfen also auch dabei, Regallücken und vergriffene Produkte zu vermindern.

Durch Intensität, Kontrast und Position die Aufmerksamkeit auf Produkte lenken

Konsumenten sind ständig einer enormen Anzahl von Reizen in der Umgebung ausgesetzt. Ihre Aufmerksamkeit ist daher äußerst selektiv. Die Kunden fokussieren ihre Aufmerksamkeit nur auf relativ wenige Reize im Laden, die dann im Gehirn weiter verarbeitet werden. Welche Produkte, Schilder oder Displays die Aufmerksamkeit des Kunden erregen, hängt stark von der Beschaffenheit der Reize ab. Wenn Händler oder Hersteller die Aufmerksamkeit auf bestimmte Produkte im Laden lenken möchten, können sie diese Reizcharakteristika bewusst einsetzen. Die drei Eigenschaften, welche die visuelle Aufmerksamkeit von Konsumenten auf Produkte oder Displays lenken, sind:

1. Kontrast (Intensität, Farbe, Bewegung, Isolation)
2. Neuartigkeit (Überraschung)
3. Position (Größe, Platzierung)

Kontrast

Kontrast ist eine Möglichkeit, die Aufmerksamkeit von Konsumenten zu erregen, weil Veränderungen in der Umwelt die Sinnesrezeptoren aktivieren und dadurch die Aufmerksamkeit stimulieren. Eine der Arten, durch Kontrast Aufmerksamkeit zu schaffen, ist es, die Intensität eines Reizes zu variieren.[18] Beinahe alle vom Marketer ausgehenden Reize, die über die menschlichen Sinne aufgenommen werden, können in ihrer Intensität variiert werden. Zum Beispiel wird ein hellerer Bereich eines Ladens mehr Aufmerksamkeit auf sich ziehen als dunklere Bereiche. Lautere Musik fällt mehr auf als leisere Musik. Aufmerksamkeit lässt sich aber auch durch leuchtende Farben erzielen. Intensive, gesättigte Farben (z.B. ein leuchtendes Rot) heben Produkte stärker hervor als ungesättigte Farben (z.B. Pastelltöne). Aber auch ein Produkt in einer pastellfarbenen oder schwarz-weißen Verpackung kann Aufmerksamkeit auf sich ziehen, wenn alle anderen Verpackungen in kräftigen Farben gestaltet sind. Eine weitere Möglichkeit, über Kontrast die Aufmerksamkeit anzuziehen, ist Bewegung. Im Visual Merchandising sind Beispiele dafür Anzeigetafeln mit Laufschriften, Produktdisplays mit Drehscheiben und Blinklichter. Schließlich gibt es auch noch die Möglichkeit, durch Isolation Kontrast zu erzeugen. So wurde etwa im großen Schaufenster eines Apple-Stores einzig und allein ein einziges neues Smartphone präsentiert, das aufgrund dieser Alleinstellung zum Blickfang wurde.

Neuartigkeit

Überraschende, neue oder ungewöhnliche Reize ziehen ebenfalls die Aufmerksamkeit auf sich. Produkte, Schilder oder Dekorationselemente, die in ungewöhnlicher Weise oder an ungewöhnlichen Plätzen auftauchen, erhöhen die Aufmerksamkeit, weil sie das Aktivierungsniveau des Konsumenten verändern.[19]

So würde etwa eine große, aus Mode-Accessoires zusammengesetzte Pyramide die Blicke auf sich ziehen, da es sich um eine unerwartete, ungewöhnliche Form, Accessoires zu präsentieren, handelt.[20] Auf ähnliche Weise kann auch eine Umgestaltung der Warenpräsentation aufgrund ihrer Neuartigkeit auffallen. Allerdings kann zu viel Neuartigkeit die Konsumenten auch verwirren und überlasten. Es kommt also auf die richtige Balance zwischen neuen und bekannten Reizen an. Wenn etwa die Waren am Geschäftseingang gegen Neuzugänge ausgetauscht werden, sollte nicht unbedingt auch gleich der Rest des Sortiments umgestaltet werden. Anders ausgedrückt, ändern Sie nicht alles auf einmal.

Position

Auch die Position spielt eine Rolle, wenn es darum geht, die Aufmerksamkeit der Kunden anzuziehen. Einfach ausgedrückt, ein Produkt wird dann bemerkt, wenn Sie es dort platzieren, wo viele Kunden hinschauen. Wie bereits in Kapitel 1 besprochen, lässt sich dies erreichen, indem Sie Produkte, die bemerkt werden sollten, auf der passenden Höhe im Regal (am besten auf Augenhöhe) oder generell in frequentierten Lagen im Verkaufslokal platzieren. Schließlich kann Aufmerksamkeit auch noch durch Größe erreicht werden. Größere Objekte werden mit höherer Wahrscheinlichkeit bemerkt als kleinere Objekte. So kann etwa eine große Wandpräsentation, auf der viele gleichartige Produkte in unterschiedlichen Farben zu sehen sind, schon aufgrund ihrer Größe einen Blickfang in einem Geschäft darstellen (siehe Abb. 4.9), während ein einzelnes dieser Produkte viel schwerer bemerkt würde.

Abb. 4.9. Aufmerksamkeit durch Größe erregen

Wie Sie gesehen haben, ist die Erregung von Aufmerksamkeit größtenteils auf bestimmte Charakteristika des Stimulus, also des Produkts oder der Warenpräsentation, zurückzuführen. Ob sich Konsumenten danach allerdings eingehender mit dem Produkt oder der Warenpräsentation auseinandersetzen, hängt vorwiegend von deren Motivation und Interessen ab. Wenn sich eine Kundin für das, was sie im Laden sieht, nicht interessiert, wird sie ihre Aufmerksamkeit schnell anderen Dingen zuwenden, unabhängig von der Neuartigkeit, der Position oder dem Kontrast der Reize im Geschäft. Nicht einmal blinkende Lichter helfen da weiter. Die Erregung von Aufmerksamkeit reicht einfach nicht aus. Was durch sorgfältig ausgewählte Reize allerdings erreicht werden kann, ist eine Initialzündung für die weitere Beschäftigung der Kunden mit den Produkten. Und damit ist schon einiges erreicht.

Sprechen Sie durch In-Store-Grafiken die Emotionen der Kunden an

Wir haben uns bereits mit dem starken Einfluss von Emotionen auf das Kaufverhalten beschäftigt. Neben Faktoren der allgemeinen Ladenatmosphäre wie Düften, Musik und Farben lassen sich Emotionen auch hervorragend durch In-Store-Grafiken, ein wichtiges Werkzeug des Visual Merchandising, beeinflussen. Passende Bilder haben generell einen positiven Einfluss auf die Ladenatmosphäre. Einige Arten von Bildern sind jedoch besonders. Sie rufen nämlich im Kopf der Konsumenten Schemata, also assoziative Netzwerke im Gedächtnis, für emotionale Erfahrungen auf, die von vielen Menschen geteilt werden. Es gibt drei Arten von Bildern, die Schemata aufrufen. Ihre Wirkung reicht von universell bis zu spezifisch:[21]

1. *Archetypen und Bilder, die zu biologisch vorprogrammierten Reaktionen führen,* beeinflussen die meisten Konsumenten in sehr ähnlicher Weise, da sie unabhängig von individuellen Erfahrungen sind. Sie sind tief in der menschlichen Psyche verwurzelt und können zu besonders starken emotionalen Reaktionen führen. Archetypen sind Bilder, die oft in Erzählungen, Sagen und Mythen vorkommen. Beispiele sind der Held, der weise alte Mann oder die weise alte Frau, die Verführerin, der Mann von nebenan und der Bandit, um nur einige zu nennen. Archetypen, die sich in Bildern darstellen lassen, können sich auch auf die Natur beziehen (z.B. ein abgeschiedener, schneebedeckter Gipfel) oder sogar Geschichten wie „die Suche" oder „vom Tellerwäscher zum Millionär" darstellen.[22] Noch stärkere emotionale Emotionen können durch Bilder erreicht werden, die biologisch programmierte Reaktionen auslösen (siehe Abb. 4.10). Ein Beispiel dafür ist das Kindchenschema. Es wird durch eine Reihe von Körpermerkmalen eines Babys ausgelöst, nämlich große Augen, ein großes, rundes Gesicht und volle Lippen. Solche Bilder erregen sofort unsere Aufmerksamkeit. Auf diese Weise sichert die Natur, dass Babys

die Aufmerksamkeit und Fürsorge erfahren, die sie benötigen, um zu gedeihen. Das Kindchenschema wird als entzückend wahrgenommen und kommuniziert ein Gefühl der Wärme und Geborgenheit. Dabei macht es noch nicht einmal einen großen Unterschied, ob das Gesicht jenes eines menschlichen Babys oder eines kleinen Hündchens ist.

Abb. 4.10. Bilder, die biologisch programmierte Reaktionen auslösen, können zu intensiven emotionalen Erfahrungen führen

2. *Bilder, die kulturspezifische Schemata aufrufen,* haben den zweitstärksten Effekt. Sie lösen ein emotionales Schema in Kunden mit ähnlichem kulturellen Hintergrund aus. Zum Beispiel, um amerikanische oder westeuropäische Kunden in Urlaubsstimmung zu versetzen, können Bilder, die mit den Tropen in Verbindung gebracht werden (z.B. Palmen, Strände, das Meer), in einem Verkaufsraum angebracht werden.
3. *Zielgruppenspezifische Bilder* wirken vorwiegend auf die Emotionen bestimmter Kundengruppen. Ein Beispiel für ein solches Bild wäre ein Bild von Fußballern während des Spiels, das einen emotionalen Effekt auf Fußballfans haben wird.

Beispiele für Bilder, die Schemata aufrufen, finden sich in Abb. 4.11, 4.12 und 4.13. Abb. 4.11 zeigt, wie eine archetypische In-Store-Grafik einer Rose in der Geschirrabteilung eines Einrichtungshauses das Romantikschema aufruft. Abb. 4.12 ist ein Beispiel für das Tropenschema und Abb. 4.13 ein Beispiel für ein zielgruppenspezifisches Bild, das das Schema „erfolgreicher Geschäftsmann" aufrufen soll.

Abb. 4.11. Das Bild einer Rose kann das Romantikschema aktivieren

Abb. 4.12. Dieses Bild kann das Tropenschema aktivieren

Abb. 4.13. Ein zielgruppenspezifisches Bild, das das Schema „erfolgreicher Geschäftsmann" aktiviert

Emotionale Bilder lösen nicht nur spezifische Emotionen aus, sondern sie sind auch Blickfänge und ziehen Kunden an. Eine von einem Kaufhaus beauftragte Studie fand, dass sich große In-Store-Grafiken erheblich auf die Absichten von Konsumenten auswirken, ein Geschäft zu besuchen. Zumindest in diesem spezifischen Fall besuchten bei dem Einsatz von In-Store-Grafiken doppelt so viele Konsumenten das Geschäft. Außerdem stieg der Umsatz um 17%. Wurden Videos auf eine Wand projiziert, waren die Ergebnisse sogar noch erfreulicher. Die Kundenzahl stieg um 116% und der Umsatz um 20%.[23] Auch wenn die Ergebnisse wohl nicht in jedem Geschäft so deutlich ausfallen werden, so zeigt diese Studie dennoch das Potenzial von In-Store-Grafiken auf, bei Kunden spezifische emotionale Erlebnisse auszulösen.

Ästhetik – die Schönheit liegt nicht nur im Auge des Betrachters

Unterschätzen Sie niemals die Macht der Schönheit. Wussten Sie, dass Kunden attraktives Verkaufspersonal als kompetenter, fachkundiger und sympathischer einschätzen als ihre weniger attraktiven Kollegen? Auch wenn das etwas oberflächlich und unfair erscheinen mag, so sind das doch die recht klaren Ergebnisse einer unserer Studien.[24] Sogar die Ware wird besser beurteilt, wenn sie von einer attraktiven Verkäuferin oder einem attraktiven Verkäufer verkauft wird. Das Verkaufspersonal ist jedoch nicht der Fokus dieses Buches.

Stattdessen möchten wir Ihnen hier einige Ideen liefern, wie Sie Ihre Warenpräsentation attraktiv gestalten können. Wenn Sie einige wahrnehmungspsychologische Prinzipien beachten, kann das helfen, Ihre Produktpräsentation ästhetisch ansprechend umzusetzen und damit einen Wettbewerbsvorteil zu erringen. Zunächst allerdings müssen wir die zentrale Frage stellen: Was ist Schönheit? Ein bekanntes Sprichwort sagt: Schönheit liegt im Auge des Betrachters. Dafür spricht sicherlich einiges. Dennoch gibt es einige generelle Aspekte, die von den meisten Menschen als schön empfunden werden.[25] Diese möchten wir als Nächstes vorstellen.

Einheitlichkeit – ein harmonisches Bild vermitteln

Einheitlichkeit bedeutet, dass Elemente als zusammengehörig wahrgenommen werden.[26] Die Einheitlichkeit der Warenpräsentation ist ein wichtiges Prinzip des Visual Merchandising. Ab dem Moment, in dem der Kunde einen Laden betritt, wird er unwillkürlich versuchen, diesen als ein zusammengehöriges Ganzes zu erleben. Eine harmonische Produktpräsentation erleichtert ihm dies. Generell empfinden Menschen Elemente, die visuell zusammengehörig sind, als attraktiv. Daher sollte eine Visual-Merchandising-Strategie zur Gewährleistung des einheitlichen Auftritts die Design-Richtlinien des Unternehmens berücksichtigen, welche den Einsatz von Farben, Dekorationselementen und Präsentationsarten regeln. Um die Einheitlichkeit zu bewahren, könnte etwa ein Supermarkt, unter Berücksichtigung sonstiger Ordnungsgrundsätze, Produkte ähnlicher Größe nebeneinander aufstellen. So wird ein Regal, das Produkte ähnlicher Größe enthält, ästhetischer aussehen als ein Regal mit vielen verschiedenen, ungeordneten Produktgrößen.

Balance – einen ausgewogenen Gleichgewichtszustand schaffen

Es gibt zwei Arten von Balance. Die erste Art bezieht sich auf die spezifischen Erwartungen einer Person.[27] Noch bevor Kunden einen Laden betreten, haben sie Erwartungen, was sie sehen werden. Wenn diese Erwartungen nicht erfüllt werden, wird das Geschäft nicht als ausgewogen empfunden. Aus diesem Grund sollte die Produktpräsentation dem Eindruck, den ein Geschäft im Außenbereich vermittelt, entsprechen. Wenn zum Beispiel ein exklusives Juweliergeschäft die Schaufenster außergewöhnlich gestaltet, werden die Kunden den Laden als unausgewogen empfinden, wenn sich diese Exklusivität und Extravaganz nicht auch im Ladeninneren fortsetzt.

Die zweite Art der Balance bezieht sich auf die optische Ausgewogenheit. Die Anordnung aller Elemente in einem Geschäft (also z.B. die Warenträger, Displays, Kassenbereiche) sollte wohlbedacht sein, um somit eine optische Ausgewogenheit im Laden zu schaffen. Die einfachste Möglichkeit, um durch Visual Merchandising eine optische Balance zu schaffen, ist Symmetrie. Wenn auf beiden Seiten eines Displays die gleichen Elemente platziert werden, erscheint es symmetrisch. Verglichen mit der rechen Seite wird die linke Seite von Abb. 4.14 als besser und klarer strukturiert wahrgenommen werden, weil die beiden Seiten dieses Warendisplays nicht nur die gleichen Produkte, sondern auch die gleiche Anzahl an Produkten enthalten.

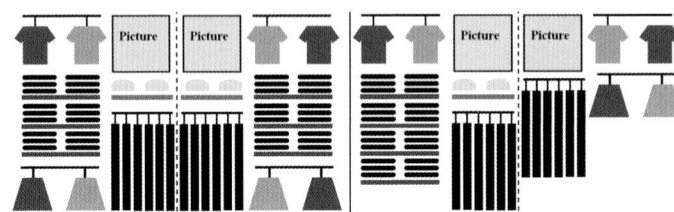

Abb. 4.14. Symmetrische und asymmetrische Warenpräsentation

Die Verkaufsfläche im Laden ist aber natürlich begrenzt, und die angebotenen Waren müssen Platz finden, daher werden Produkte eher selten vollkommen symmetrisch präsentiert. Dazu kommt auch noch, dass ein Laden, in dem die Produkte völlig symmetrisch angeordnet werden, riskiert, als rigide und statisch wahrgenommen zu werden.[28] Konsumenten wünschen sich zwar Ordnung und Einheitlichkeit, aber alles in Maßen. Die Einheitlichkeit sollte mit Abwechslung einhergehen. Dies lässt sich durch eine zweite Form der Symmetrie, der informellen Symmetrie, erzielen. Dabei werden auf beiden Seiten einer (vertikalen) Linie unterschiedliche Elemente oder Produkte angeordnet, solange diese Elemente ein annähernd gleiches optisches Gewicht oder Größe aufweisen (siehe Abb. 4.15).[29]

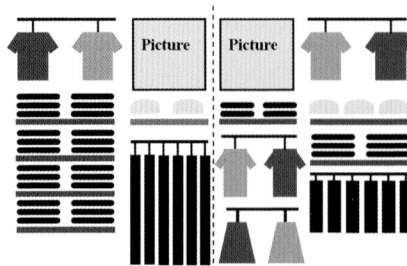

Abb. 4.15. Informelle Symmetrie

Ein solches, ein wenig asymmetrisches Warenarrangement kann auch als schön und anziehend wahrgenommen werden, weil auf beiden Seiten der

Wand gleich viel Platz vorhanden ist.[30] Allerdings trägt nicht nur Symmetrie zur attraktiven Warenpräsentation bei. Es sollte auch die Anzahl der Produkte berücksichtigt werden. Tatsächlich macht es einen Unterschied, ob jede Produktkategorie durch die gleiche Anzahl an Produkten vertreten ist. Gleichzeitig sollten wir allerdings auch beachten, dass Umsatzergebnisse stark dadurch beeinflusst werden, wie viel Platz einem Produkt zugemessen wird. Zum Beispiel hat eine in einem Supermarkt durchgeführte Studie ergeben, dass der Umsatz um 44% gestiegen ist, nachdem der Regalplatz für Früchte verdoppelt wurde.[31] Aus diesem Grund ist es sinnvoll, Produkten oder Marken mit höheren Gewinnspannen mehr Platz einzuräumen. Letztendlich kommt es im Visual Merchandising dann eben doch auf den damit zu erzielenden Gewinn an und nicht so sehr auf die Ästhetik, auch wenn künstlerisch ausgerichtete Merchandiser und Schaufensterdekorateure diesen Umstand bedauern mögen.

Dennoch kann es auch zu Problemen führen, wenn Produkten sehr unterschiedlich viel Regalplatz zugeordnet wird. Dies kann nämlich visuell irritierend wirken und dazu beitragen, dass Kunden die Konzentration und die Fokussierung auf die Produkte verlieren. Deshalb ist es ratsam, zumindest eine gewisse Symmetrie mit Hinblick auf die Anzahl der pro Marke ausgestellten Produkte anzustreben (siehe Abb. 4.16). Diese Form der Präsentation erhöht die wahrgenommene Vielfalt innerhalb eines geordneten Sortiments und wirkt sich damit auch positiv auf die Konsumrate aus.[32]

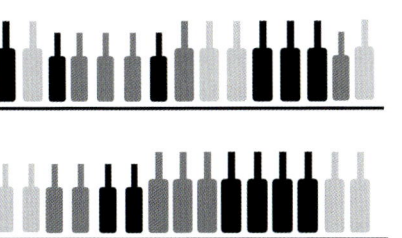

Abb. 4.16. Asymmetrische vs. symmetrische Präsentation mit Hinblick auf die Anzahl der pro Marke ausgestellten Produkte

Rhythmus – das Auge des Kunden führen

Rhythmus ist nicht nur in der Musik von Bedeutung. Im Kontext des Visual Merchandising kann Rhythmus dazu dienen, dass Kunden das Geschäft als gut strukturiert erleben. Rhythmus ist wichtig, weil er das Auge des Kunden von einem Artikel zum nächsten führt und damit hilft, die Augenbewegungen des Kunden zu beeinflussen.

Menschen erkennen Objekte basierend auf ihren Erfahrungen.[33] Sie können diese Erfahrungen dazu nutzen, um in der Warenpräsentation Rhythmus zu schaffen. Wenn Sie zum Beispiel Produkte nach der Farbe ordnen, sollten Sie mit der hellsten Farbe beginnen und mit der dunkelsten Farbe abschließen. Da die Kunden mit den Farben des Regenbogens vertraut sind, werden sie dazu tendieren, zumindest alle Farben kurz zu betrachten, und somit erhält Ihre Ware die nötige Aufmerksamkeit. Eine andere Möglichkeit, um Rhythmus zu schaffen, ist durch Wiederholung. Indem Sie etwa in einem Geschäft (beispielsweise entlang des Loops) das gleiche Display oder den gleichen Artikel mehrmals hintereinander in einer bestimmten Reihenfolge präsentieren, folgen Kunden nicht nur diesem Weg, sondern sie beachten die präsentierten Artikel aufgrund der Wiederholung auch stärker.

Rhythmus kann auch durch Linien geschaffen werden. Linien grenzen unterschiedliche Ladenbereiche deutlich voneinander ab, zeigen Konsumenten, wo sich Wartebereiche befinden, oder führen die Kunden durch das Geschäft. Linien können auch in Warenpräsentationen wirksam eingesetzt werden. Wenn zwei Produkte durch eine Linie verbunden werden, dann folgt der Konsument dieser Linie unwillkürlich mit den Augen. Das Ergebnis ist, dass die Produkte in einem spezifischen Zusammenhang gesehen werden, was sich positiv auf zusätzliche Käufe auswirken kann. Allerdings werden nicht alle Linien gleich wahrgenommen. Tabelle 4.1 gibt einen Überblick über verschiedene Arten von Linien und die mit ihnen verbundenen Assoziationen.[34]

Linienart	Assoziationen und Einsatzmöglichkeiten
Vertikale Linien	**Assoziationen**: Höhe, Stärke, Würde, Formalität, Maskulinität **Einsatzmöglichkeit**: Basketball-Abteilung in einem Sportartikelgeschäft oder Abteilung für Herrenmode in einem Bekleidungsgeschäft
Diagonale Linien	**Assoziationen**: Ruhelosigkeit, Dynamik, Aktivität, Instabilität **Einsatzmöglichkeit**: Geschäft für Extremsportarten
Horizontale Linien	**Assoziationen**: Entspannung, Sicherheit **Einsatzmöglichkeit**: Kassenbereich
Geschwungene Linien	**Assoziationen**: Femininität, Weichheit **Einsatzmöglichkeit**: Auf Frauen spezialisierte Geschäfte oder Abteilungen

Tab. 4.1.   Verschiedene Arten von Linien und die mit ihnen verbundenen Assoziationen

Proportionen – die mathematische Untermauerung der Schönheit

Die alten Ägypter setzten dieses Prinzip ein, um die Pyramiden zu bauen, und die Griechen wandten es beim Bau des Parthenon, jenes weltberühmten der Göttin Pallas Athene gewidmeten Tempels, an. Auch das Taj Mahal folgt ihm, und Sie werden es auch bemerken, wenn Sie die Fassade der Kathedrale von Notre Dame in Paris emporblicken. Alle diese Gebäude haben eines gemeinsam: Sie folgen dem Prinzip des Goldenen Schnitts, auch als göttliche Proportion bezeichnet. Bei dem Goldenen Schnitt wird eine Linie so unterteilt, dass das Verhältnis der ganzen Linie (C) zum längeren Teilstück gleich wie das Verhältnis des längeren Teilstücks (A) zum kürzeren Teilstück (B) ist. Anders ausgedrückt: C zu A ist wie A zu B (siehe Abb. 4.17).[35]

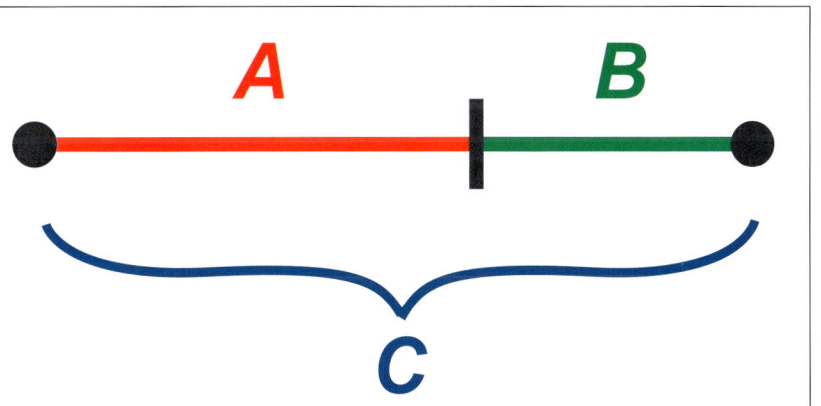

Abb. 4.17. Der Goldene Schnitt

Was ist nun das Geheimnis hinter diesem Verhältnis? Wenn Menschen visuelle Elemente bewerten, fließen in diese Bewertung immer auch deren Proportionen ein. Die Proportion des Goldenen Schnitts, 1:1,62 (die Zahl phi), wird dabei als besonders schön wahrgenommen. Wenn also etwa ein Blumenstrauß, ein Produktdisplay, eine Anzeige oder ein Gebäude den Proportionen des Goldenen Schnitts entsprechen, dann werden sie als ästhetisch ansprechender wahrgenommen.

Diese Proportionen können auch im Visual Merchandising Anwendungen finden. Beispielsweise empfehlen wir, für In-Store-Grafiken Bilder zu verwenden, die dem Goldenen Schnitt folgen. Ebenso könnten auch Präsentationstische, Regale oder andere Warenträger dem Goldenen Schnitt entsprechen.

Distanz – Produktdisplays sollten aus fern und nah beeindrucken

Menschen streben danach, visuelle Reize als ein zusammengehöriges Ganzes zu verarbeiten.[36] Daher sollten sowohl der Laden als auch die Produktpräsentationen aus jedem Blickwinkel und aus jeder Distanz ein stimmiges, harmonisches Bild vermitteln. Jedes Element der Warenpräsentation sollte sowohl beim Betreten des Ladens als auch, wenn der Kunde direkt vor dem Display steht, gut aussehen. Um diesen Effekt zu erzielen, kann der Laden in verschiedene Zonen eingeteilt werden, die jeweils unterschiedliche Funktionen haben (siehe Abb. 4.18):[37]

- *Deckenzone.* Die Deckenzone befindet sich über den Regalen. Alle in der Deckenzone befindlichen Informationen sind aus der Entfernung wahrnehmbar. Aus diesem Grund kann die Deckenzone dazu verwendet werden, Kunden die Orientierung im Geschäft zu erleichtern. Durch große Grafiken oder Schilder werden Kunden darüber informiert, welche Produkte sie in den einzelnen Bereichen des Ladens finden. Supermärkte können zum Beispiel Deckenhänger einsetzen, um die Kunden durch die verschiedenen Gänge zu leiten, etwa um zu zeigen, wo im Geschäft der Kunde Tiefkühlprodukte und wo er Hundefutter findet. In einem Kaufhaus können Kundinnen durch In-Store-Grafiken in der Deckenzone darauf hingewiesen werden, in welchem Teil des Geschäfts sich die Abteilung für Damenbekleidung befindet.
- *Übersichtszone.* Die Übersichtszone ist aus einer maximalen Entfernung von etwa 5 bis 6 m deutlich sichtbar. Durch die Warenpräsentation in dieser Zone kann sich der Kunde bereits aus der Distanz einen Überblick über die in einer Abteilung angebotenen Waren verschaffen. In einem Kaufhaus etwa erfahren die Kunden durch die Übersichtszone, wo in der Abteilung für Damenbekleidung sich die Freizeitmode, Businesskleidung und Sportbekleidung befinden.
- *Warenpräsentationszone.* In der Warenpräsentationszone schließlich befinden sich die Produkte in verschiedenen Größen und Ausführungen, die der Kunde aus den Warenträgern entnehmen soll. Konsumenten sehen die Produkte in der Warenpräsentationszone für gewöhnlich erst, wenn sie unmittelbar vor dem Warenträger stehen. Um so viele Produkte wie möglich sichtbar zu machen, kann in bestimmten Branchen das Arenaprinzip angewendet werden. Von der Mitte des Raums ausgehend werden die Waren in ansteigender Größe Richtung Wand hin angeordnet. Eine den Sortimentsbereich charakterisierende Feature Wall (mit In-Store-Grafiken, ansprechender Farbgestaltung und Props) schließt als Hintergrund die Präsentation ab.

Abb. 4.18. Deckenzone, Übersichtszone und Warenpräsentationszone in einem Geschäft

Geringe Komplexität – so einfach wie möglich

Eines der übergeordneten Ziele der Warenpräsentation ist es, den Kunden das Auffinden der Waren und die Produktwahl so einfach wie möglich zu machen. Wie Sie bereits aus Kapitel 2 wissen, verärgern nur wenige Dinge Kunden mehr, als wenn sie die Artikel, die sie suchen nicht finden können. Ein zu komplexes Visual Merchandising beeinflusst die Übersichtlichkeit des gesamten Ladens. Aus diesem Grund sollte die Warenpräsentation für den Kunden einfach verständlich sein. Die Übersichtlichkeit wird erhöht,

Abb. 4.19. Nach der Farbe sortierte Produkte

wenn versucht wird, einer klaren Struktur zu folgen. Nur ein Beispiel dazu: Wenn Produkte nach der Farbe sortiert werden, sollte diese Präsentationsform nach Möglichkeit nicht nur in einem Display (siehe Abb. 4.19), sondern auch in anderen Bereichen des Geschäfts oder der Abteilung eingesetzt werden.

Generell ist es empfehlenswert, Produktpräsentationen einfach zu halten und unnötige Komplexität zu vermeiden. Die Bedeutung der Einfachheit drückt sich in der asiatischen Zen-Philosophie aus. Ein integraler Aspekt der Zen-Ästhetik, die in der Kunst und im Alltagsleben in Japan allgegenwärtig ist, ist das Prinzip des „kanso", das sich grob als Minimalismus übersetzen lässt. Es lässt sich durch die Reduktion nicht-essenzieller Designelement erzielen.[38] Durch diese Reduktion wird die wichtige Information akzentuiert.

Einfachheit wird allerdings nicht nur im Zen geschätzt. Wissenschaftliche Untersuchungen weisen ebenfalls auf die Vorzüge der Einfachheit hin. In der kognitiven Psychologie erklärt das Konzept der Verarbeitungsflüssigkeit den Vorteil einfach gehaltener Warenpräsentationen. Die Verarbeitungsflüssigkeit ist die wahrgenommene Leichtigkeit, mit der eine Person Informationen verarbeiten kann. Visuell einfache Informationen können leichter verarbeitet werden als visuell komplexe Informationen.[39] Zum Beispiel ist es einfacher, ein klar strukturiertes, symmetrisches Produktdisplay mit nur einer Marke und einigen wenigen Produktvariationen gedanklich zu verarbeiten als ein komplizierteres Display, das eine Vielzahl verschiedener Produkte und Marken enthält. Ebenso wird ein Geschäftsschild mit einer einfachen Schriftart leichter verarbeitet als ein Schild mit einer ungewöhnlichen Schriftart. Konsumenten empfinden einfach zu verarbeitende Informationen als attraktiver als komplexere Informationen.[40] Noch wichtiger ist, dass einfach zu verarbeitende Informationen zu positiven Emotionen führen, die ihrerseits wiederum zu einer besseren Beurteilung des Ladens führen. Einfach ausgedrückt, leicht zu verarbeitende, einfache Informationen werden positiver bewertet, ohne dass sich Konsumenten dessen bewusst sind. (Die aus der einfachen Verarbeitung des Reizes hervorgerufenen positiven Emotionen schreiben sie fälschlich dem Reiz selbst zu.)

Der optimale Komplexitätsgrad ist je nach Laden und der jeweiligen Kundengruppe unterschiedlich. Zum Beispiel hat sich gezeigt, dass eine Ladenumwelt von geringer Komplexität für utilitaristische Käufer (die ihren Einkauf schnell und effizient abwickeln möchten) etwas wichtiger ist als für hedonische Käufer (die sich erwarten, beim Einkaufen Spaß zu haben, beispielsweise in einem thematisierten Flagship Store mit größerer visueller Vielfalt).[41] Alles in allem gilt in der Welt des Visual Merchandising und der Ladengestaltung jedoch die Devise: So einfach wie möglich.

Das Wichtigste in Kürze

Hier ist eine Zusammenfassung der wichtigsten Punkte dieses Kapitels:

- Eine gute Visual-Merchandising-Strategie kann zu erheblichen Umsatzsteigerungen führen.
- Kunden kaufen Waren nur, wenn diese sichtbar, greifbar und verfügbar sind.
- Durch künstliche Verknappung können Produkte begehrenswerter gemacht werden. Das Prinzip der Verknappung sollte allerdings vorsichtig und maßvoll angewendet werden.
- Ein klar strukturiert präsentiertes Sortiment im Zusammenhang mit bestimmten visuell hervorgehobenen Produkten ermöglicht es, den Kunden ein umfangreiches Sortiment anzubieten, ohne sie bei der Produktauswahl zu überlasten.
- Verbundpräsentationen, bei denen Produkte in ihrem Verwendungszusammenhang gezeigt werden, verbessern die Produktbewertung und steigern ungeplante Käufe. Setzen Sie bei Verbundpräsentationen Dekorationselemente ein, um diese Präsentationsform noch wirksamer zu machen.
- Planogramme sind ein wichtiges Werkzeug für die Implementierung einer Visual-Merchandising-Strategie.
- Neuartige, kontrastierende und passend positionierte Stimuli können als Blickfang im Laden eingesetzt werden.
- Durch bestimmte Reize kann die Aufmerksamkeit auf Produkte und Warenpräsentationen gelenkt werden; ob sich der Konsument weiter mit einem Produkt beschäftigt, hängt allerdings nicht von den Reizeigenschaften, sondern von den Motiven und Interessen des Kunden ab.
- In-Store-Grafiken können verwendet werden, um Kunden emotional anzusprechen. Am effektivsten sind Bilder, die Schemata auslösen, die zur Schaffung spezifischer emotionaler Erlebnisse beitragen.
- Archetypen und Bilder, die biologisch programmierte Reaktionen auslösen, führen bei vielen Kunden zu besonders starken emotionalen Erlebnissen, da ihre Wirkung von individuellen Erfahrungen unabhängig ist.
- Bei Produktpräsentationen sollte auf Rhythmus und Proportionen geachtet werden. Eine Möglichkeit, ansprechende Proportionen zu erhalten, ist dabei der Goldene Schnitt.
- Beachten Sie bei der Produktpräsentation die Unterscheidung zwischen Deckenzone, Übersichtszone und Warenpräsentationszone, damit Kunden jederzeit die für sie notwendigen Informationen erhalten.

- Beachten Sie die Komplexität der Warenpräsentation. Komplexität entsteht durch die Kombination verschiedener Elemente, Formen und Farben. Einfachheit lässt sich durch Symmetrie und Wiederholung erzielen.
- Gestalten Sie Warenpräsentationen nach Möglichkeit einfach. Dies erhöht die mentale Verarbeitungsflüssigkeit, und die daraus resultierenden positiven Emotionen führen zu einer besseren Beurteilung des Ladens und der Ware.

Kapitel 5

Die Ladenatmosphäre
Kommunikation über die Sinne

Es ist ein heißer und schwüler Tag in Zentralflorida. Ein sichtbar aufgereg-
ter Kunde steht vor einem Schalter des Kundenzentrums des EPCOT-The-
menparks in Walt Disney World. Der Mann ist wütend, da er in einem der
Restaurants des Themenparks ausgesprochen schlecht bedient wurde, und
in seinem Zorn schreit er auf den Mitarbeiter am Schalter ein. Dieser bleibt
jedoch ruhig und ersucht den Kunden, in die Customer Service Lounge
einzutreten. Ein Türöffner summt, die Türe öffnet sich, und der wütende
Kunde tritt ein.

Die Atmosphäre in der Lounge unterscheidet sich deutlich von jener im
übrigen Themenpark. Anstatt der Hitze im Freien ist der Raum angenehm
klimatisiert. Aus versteckten Lautsprechern in der Decke klingt beruhigende
Musik. Die Musik ist sanft und ganz leise, auf jeden Fall sehr unterschiedlich
von der lauten, flotten Musik, die im Rest des Parks überall zu hören ist. Die
Lounge ist relativ dunkel. Es wird nur indirekte Beleuchtung eingesetzt, und
getönte Fenster halten das grelle Sonnenlicht fern. Nur wenige Bilder hängen an den Wänden, und auf keinem sind Mickymaus-Ohren oder sonstige
Anhaltspunkte, die Kunden an möglicherweise stressige Erfahrungen im
Themenpark erinnern könnten, abgebildet. Ein weicher Spannteppich und
bequeme Polstersessel und Sofas in gedeckten Farben tragen das ihre zur
entspannten, gelassenen Atmosphäre der Lounge bei.

Der erzürnte Kunde muss einige Minuten warten und trinkt inzwischen
ein kühles Getränk, während er auf dem bequemen Sofa sitzt. Als nach
einigen Minuten der Servicemitarbeiter erscheint, ist der Kunde bereits
deutlich entspannter, in besserer Stimmung und bereit, seine Beschwerde
konstruktiv zu besprechen.

Sehen wir uns an, was in dieser Situation passiert ist. Bevor der Konsument das Wartezimmer betrat, war er extrem verärgert. Nachdem er jedoch
einige Minuten in der entspannenden Lounge verbracht hatte, verbesserte
sich seine Stimmung, und anstatt den Servicemitarbeiter weiter verbal zu
attackieren, war er nun in der Lage, seine Beschwerde konstruktiv zu ar-
tikulieren. Wie man aus diesem Beispiel sieht, kann die Atmosphäre einer
Umgebung unsere Emotionen stark beeinflussen.

Die Atmosphäre beeinflusst, wie wir uns fühlen

Es gibt viele Situationen, in denen andere Menschen versuchen, unsere
Stimmung durch eine Veränderung der Atmosphäre in der Umgebung,
in der wir uns befinden, zu beeinflussen. Vielleicht haben Sie dies selbst
auch schon einmal gemacht. Stellen wir uns zum Beispiel einen Mann vor,

dem das Missgeschick passiert ist, seinen Hochzeitstag zu vergessen. Dieser Ehemann versucht nun die Situation zu retten, indem er seiner Frau ein liebevoll zubereitetes Abendessen bei Kerzenschein und romantischer Hintergrundmusik serviert.

Ob er sich dessen bewusst ist oder nicht, das Abendessen bei Kerzenlicht ist eine hervorragende Möglichkeit, die Stimmung einer Person zu beeinflussen. Als die Ehefrau den Raum betritt, ist sie erstaunt über das köstliche Aroma des ausgezeichneten, auf einer weichen Damast-Tischdecke servierten Abendessens. Das gedämpfte Licht der Kerzen versetzt sie in eine entspannte Stimmung, und die romantische Musik tut das Übrige dazu, dass sie bereit ist, die Entschuldigung ihres reumütigen Gatten anzunehmen. Durch Geruch, Licht und Musik lässt sich die Stimmung beeinflussen. Und wie das alte Sprichwort sagt: Liebe geht durch den Magen. Das köstliche Menü hat also auch geholfen.

Abb. 5.1. Beeinflussung der Kunden über die Sinne

Die Möglichkeit, Menschen über die fünf Sinne zu beeinflussen, ist natürlich auch im Marketing bekannt. Im Handels- und im Dienstleistungsmarketing wird in diesem Zusammenhang von der Atmosphäre des Verkaufsraums oder dem Raumambiente gesprochen. Tatsächlich haben atmosphärische Faktoren einen wesentlich unmittelbareren Effekt auf das Konsumentenverhalten am Point of Sale, als andere Marketinginstrumente wie z.B. die Werbung, die nicht direkt im Verkaufsraum auf den Konsumenten einwirken.[1] Kluge Händler wissen das schon lange und verwenden die atmosphärischen Faktoren daher gezielt, um das Kaufverhalten ihrer

Kunden zu beeinflussen. Ein Beispiel dafür ist Victoria's Secret. Wenn Kunden den Verkaufsraum dieser auf Dessous spezialisierten amerikanischen Handelskette betreten, werden sie sogleich von einer freundlich lächelnden Verkäuferin willkommen geheißen, ein angenehmer, speziell für Victoria's Secret entwickelter Duft umschmeichelt die Nase, und sanfte Musik lädt zum Wohlfühlen ein (siehe Abb. 5.1).

Bevor wir uns mit den Details beschäftigen, wie die Verkaufsatmosphäre wirkt und welche spezifischen atmosphärischen Faktoren im Verkaufsraum eingesetzt werden, möchten wir allerdings noch zwei wesentliche Punkte erwähnen:

1. *Stellen Sie sicher, dass die Kunden die beabsichtigte Atmosphäre auch tatsächlich erfahren.* Wenn in einem Geschäft eine angenehme Atmosphäre geschaffen werden soll, dann muss dabei beachtet werden, dass diese Atmosphäre nicht von außen gestört wird. Stellen Sie sich eine Bäckerei vor, wo die Kunden der Duft frischen Gebäcks lockt. Außerdem ist im Hintergrund eine angenehme, zum Geschäft passende Musik zu hören, und auch das warme Licht schafft eine wohltuende Atmosphäre. In dieser Bäckerei scheint man alles richtig zu machen. Allerdings ist nicht sichergestellt, dass die Kunden die intendierte Atmosphäre auch tatsächlich so empfinden. Um den Eintritt in die Bäckerei zu erleichtern, öffnet sich die große automatische Schiebetür jedesmal sofort, wenn jemand in die Nähe kommt. Während der Stoßzeiten ist die Tür somit die meiste Zeit weit geöffnet. Leider dringt jedesmal, wenn sich die Tür öffnet, Straßenlärm in das Geschäft und übertönt die entspannende Hintergrundmusik. Zudem stören die Gerüche von der Straße die Wahrnehmung des Dufts des Gebäcks. Am frühen Morgen und am Abend strahlen noch dazu unangenehm grelle Straßenleuchten durch die Auslage in das Geschäft und stören die beabsichtigte Lichtstimmung.

   Zwar ist dies ein extremes Beispiel, aber das grundsätzliche Problem wird deutlich. Sie müssen sicherstellen, dass Ihre Kunden die Atmosphäre auch so erleben, wie Sie sie vorgesehen haben. Außerdem ist es sinnvoll, bei der Implementierung atmosphärischer Elemente im Laden auf die unmittelbare Umgebung zu achten. Wenn sich beispielsweise ein Laden in einem Einkaufszentrum befindet, das mit lauter Musik beschallt wird, dann macht es meist keinen Sinn, mit dieser durch noch lautere Musik im Laden konkurrieren zu wollen. Vielmehr werden es die Kunden zu schätzen wissen, wenn im Geschäft eine etwas dezentere Musik zu hören ist.

2. *Nehmen Sie auf das Verkaufs- oder Servicepersonal Rücksicht.* Die Ladenatmosphäre beeinflusst nicht nur die Kunden, sondern alle Personen im Geschäft. Dazu zählen auch die Mitarbeiter, die besonders berücksichtigt werden sollten. Immerhin tragen sie maßgeblich zu einem positiven Einkaufserlebnis der Kunden bei. Wenn sich die Ladenatmosphäre negativ auf die Mitarbeiter auswirkt, dann übertragen sich diese Emotionen auch

auf die Kunden.[2] Besonders bemerkbar macht sich dieses Problem um die Weihnachtszeit, wenn in den Läden weihnachtliche Musik gespielt wird. Diese Musik kann Konsumenten in weihnachtliche Stimmung versetzen und damit zum Kauf von Geschenken anregen. Wenn die Musik allerdings nicht regelmäßig gewechselt wird, kann dies bei den Verkäufern zu erheblichen Irritationen führen. Wer möchte schließlich über Wochen hinweg tagein, tagaus mit Jingle Bells und Stille Nacht berieselt werden?

Ein einfaches Modell erklärt den Einfluss der Umgebung auf das Verhalten der Kunden

Um die Ladenatmosphäre gezielt zur Erhöhung des Umsatzes und der Kundenzufriedenheit einsetzen zu können, ist es sinnvoll, die Frage zu stellen, wie genau die Atmosphäre im Geschäft das Kaufverhalten beeinflusst. Zwei Umweltpsychologen, Albert Mehrabian und James Russell, entwickelten ein einfaches Modell, das erklärt, wie Menschen auf eine bestimmte Umgebung reagieren. Die grundsätzliche Aussage des Mehrabian-Russell-Modells ist, dass das Käuferverhalten durch die Umwelt beeinflusst wird. Allerdings ist dieser Einfluss auf das Verhalten kein direkter. Vielmehr beeinflusst die Umwelt (also der Laden oder die Dienstleistungsumgebung) die Emotionen und Stimmung des Konsumenten, die dann wiederum das Verhalten des Kunden beeinflussen. Dieses Verhalten kann entweder ein Annäherungsverhalten sein (der Kunde bleibt länger im Geschäft, kauft mehr, beabsichtigt, wiederzukommen) oder aber ein Vermeidungsverhalten (der Kunde verlässt das Geschäft, kauft weniger oder nichts, beabsichtigt, nicht wiederzukommen).[3] Sehen wir uns die Variablen dieses Modells (Abb. 5.2) etwas genauer an.

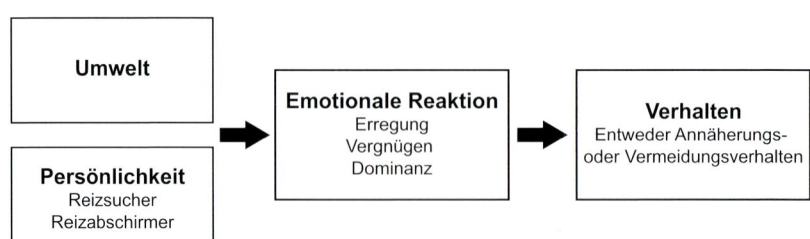

Abb. 5.2. Das Mehrabian-Russell-Modell

Es gibt zwei Determinanten des Verhaltens: Persönlichkeitsvariablen und Umweltvariablen. Konzentrieren wir uns zunächst auf die Umweltvariablen.

Umweltvariablen

Jeder Reiz in unserer Umgebung kann einen Umwelteinfluss darstellen, der dazu beiträgt, ein bestimmtes Verhalten auszulösen. Beispielsweise können die Musik oder der Duft in einem Geschäft zu einer bestimmten Reaktion führen. Zunächst beeinflussen sie, so wie auch andere Reize, das Erregungsniveau des Konsumenten. Ein höheres Maß an Erregung (auch Aktivierung genannt) bedeutet, dass sich der Kunde angeregt und stimuliert fühlt. In einem Laden können sich Kunden leicht langweilen, wenn ihr Aktivierungsniveau zu niedrig ist. Die Summe aller Umweltreize, die den Konsumenten umgeben, wird als Informationsrate bezeichnet.[4] Die Informationsrate wird einerseits durch die Komplexität der Reize und andererseits durch deren Neuartigkeit beeinflusst. Ob Konsumenten die Informationsrate als hoch oder niedrig empfinden, hängt von diesen beiden Faktoren ab:

1. *Neuartigkeit* bezieht sich auf neue Reize in der Umgebung. Erinnern Sie sich an eine Situation, in der Sie einen Laden zum ersten Mal betreten haben. Bei ersten Mal waren Sie vielleicht von der Ladengestaltung und der interessanten Warenpräsentation besonders begeistert. Nachdem Sie das Geschäft allerdings schon mehrmals besucht hatten, waren Sie möglicherweise nicht mehr im selben Ausmaß von der Umwelt beeindruckt, da Sie sie bereits kannten.

2. *Komplexität* hängt nicht davon ab, wie oft man ein Geschäft bereits besucht hat, sondern von der Anordnung und Zusammenstellung der Umweltreize im Geschäft. Manche Umwelten können einfach gedanklich verarbeitet werden und andere nicht. Die Komplexität eines Geschäfts hängt von verschiedenen Faktoren ab (z.B. der Anzahl der angebotenen Produkte, wie sehr sich diese Produkte voneinander unterscheiden, der Größe des Verkaufsraums, der Anzahl der Kunden und Mitarbeiter im Geschäft und so weiter).

Zusammenfassend lässt sich sagen, dass Umweltreize nach ihrer Neuartigkeit und Komplexität eingeteilt werden können. Händler können diese beiden Faktoren variieren, um die Informationsrate entweder zu erhöhen oder zu reduzieren, was sich wiederum auf das Aktivierungsniveau der Kunden auswirkt.

Persönlichkeitsvariablen

Das Verhalten der Konsumenten im Geschäft wird nicht nur durch Umweltreize beeinflusst. Wie Käufer auf diese Reize reagieren, hängt auch von deren Persönlichkeit ab (d.h. ob sie die Informationsrate eher als hoch oder niedrig wahrnehmen). Generell sind Konsumenten entweder Reizsucher oder Reizabschirmer.

- *Reizsucher* schätzen aufregende, reizstarke Ladenumwelten. Sie sind beim Einkauf neuen Erfahrungen und Erlebnissen zugänglich. Für diese Zielgruppe sollte die Informationsrate eher hoch sein. Überraschen Sie diese

Konsumenten durch eine abwechslungsreiche Gestaltung des Ladens und durch stark aktivierende Umweltreize wie intensive Düfte, laute Musik und leuchtende Farben.

- *Reizabschirmer* stellen das Gegenteil der Reizsucher dar. Sie tendieren dazu, reizstarke Umwelten zu meiden, und schätzen eher eine ruhige, entspannende Ladenatmosphäre. Wenn die Zielgruppe des Geschäfts vorwiegend Reizabschirmer sind, sollten Sie die Informationsrate etwas niedriger halten als bei den Reizsuchern.

Intervenierende Variablen: Erregung, Vergnügen und Dominanz

Bis jetzt haben wir die Variablen auf der linken Seite des Modells besprochen. Die Informationsrate (die Gesamtheit aller Reize in der Umgebung) sowie die Persönlichkeit des Konsumenten beeinflussen das Konsumentenverhalten im Laden. Allerdings ist dieser Einfluss kein direkter. Wie Kunden auf den Laden reagieren, hängt von den folgenden zwischengeschalteten Variablen ab:

- Erregung
- Vergnügen
- Dominanz

Die Erregung bezieht sich auf das Ausmaß der Aktivierung des Konsumenten. Das Vergnügen bezieht sich auf die Richtung der emotionalen Reaktion, also auf das Ausmaß des Wohlempfindens des Konsumenten. Dominanz schließlich gibt an, inwieweit der Konsument sich frei und unabhängig in seinem Verhalten fühlt, ohne von der Umwelt dominiert zu werden. Da die Erregung und das Vergnügen die wichtigsten Einflussfaktoren auf das Verhalten im Laden darstellen, konzentrieren wir uns in den weiteren Ausführungen auf diese beiden Aspekte. Die Variable „Dominanz" wurde bereits in Kapitel 2 im Zusammenhang mit der Kontrollüberzeugung von Kunden behandelt.

Erregung und Vergnügen

Die Erregung, also das Ausmaß der Aktivierung des Kunden, beeinflusst maßgeblich die Bewertung des Ladens. Auch ob Kunden sich entscheiden, zu bleiben oder aber das Geschäft zu verlassen, hängt von deren Aktivierungsniveau ab. Die Aktivierung spielt nicht nur im Handel eine wichtige Rolle. Sie ist die Basis für alle Prozesse im menschlichen Organismus. Ob ein bestimmtes Aktivierungsniveau als angenehm empfunden wird, hängt von der Person ab. Stark ausgeprägte Reizsucher können sich wahrscheinlich für Bungee Jumping begeistern, während sich Reizabschirmer nichts Schlimmeres vorstellen können. Allerdings gibt es einen Punkt, an dem besonders starke Aktivierung als Panik empfunden wird. Den niedrigsten Punkt der Aktivierung erreichen Menschen hingegen im Schlaf.

Die verschiedenen Aktivierungszustände lassen sich, so wie in Abb. 5.3 dargestellt, durch ein umgekehrtes U beschreiben. Sowohl am äußersten linken als auch am äußersten rechten Ende der Kurve ist die Leistungsfähigkeit (also die Fähigkeit des Konsumenten, Informationen zu verarbeiten) am niedrigsten, entweder weil sich die Person im Tiefschlaf befindet (ganz links) oder weil sie durch zu viele Reize überlastet wird, was zu unangenehmen Emotionen und im schlimmsten Fall zu Panik führt (ganz rechts). Das optimale Aktivierungsniveau ist der höchste Punkt der Kurve. Am optimalen Aktivierungsniveau sind Konsumenten aufmerksam und für Umweltreize (z.B. ein Verkaufsschild oder ein Produktdisplay) besonders aufnahmefähig. Es liegt auf der Hand, dass es für den Handel Sinn macht, dieses optimale Aktivierungsniveau anzustreben.

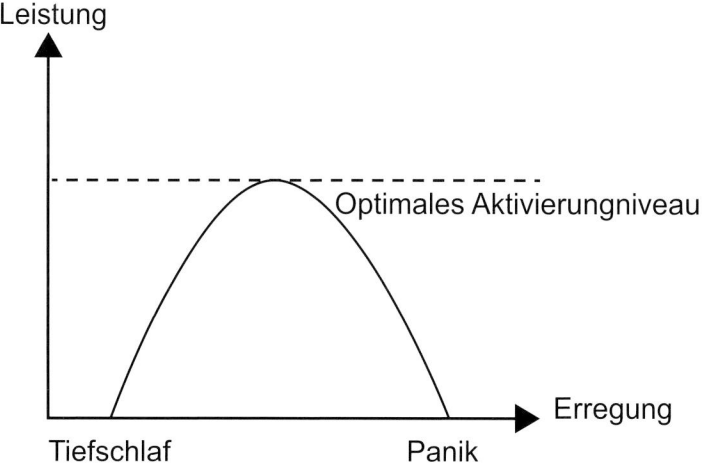

Abb. 5.3. Der Zusammenhang zwischen dem Aktivierungsniveau und der Leistung

Generell kann man sagen, dass Kunden in einer die Aktivierung stimulierenden Atmosphäre den Laden besser beurteilen und sich die höhere Aktivierung meist positiv auf das Kaufverhalten auswirkt.[5] Auch verbringen Kunden mehr Zeit in aktivierend gestalteten Läden, da Geschäfte mit aktivierenden atmosphärischen Elementen auf Kunden interessanter wirken.[6]

Trotzdem stellt sich immer noch die Frage, wie sehr der Handel das Aktivierungsniveau der Kunden steigern sollte. Der optimale Grad der Aktivierung hängt nämlich von der jeweiligen Einkaufssituation ab. Oft ist es sinnvoll, das Aktivierungsniveau der Konsumenten zu steigern. So ist es zum Beispiel nicht besonders interessant, an einem Montagmorgen um 10.00 Uhr in einem Einkaufszentrum einkaufen zu gehen. Meist sind nur wenige Kunden in dem Einkaufszentrum, und Unterhaltungsprogramm gibt es üblicherweise um diese Zeit auch keines. In dieser Situation ist es hilfreich, das Aktivierungsniveau der Kunden zu steigern, z.B. durch helle Beleuchtung und schnelle Musik.

Es gibt allerdings auch Situationen, in denen Schritte gesetzt werden sollten, um das Aktivierungsniveau der Konsumenten zu reduzieren, da der optimale Grad der Optimierung deutlich überschritten wurde. Denken Sie nur an die Tage vor Weihnachten zurück. Obwohl wir wissen, dass der Tag kommen wird, an dem die Geschäfte geschlossen haben, und wir unseren Familienmitgliedern und Freunden möglichst passende Geschenke kaufen möchten, kann es doch vorkommen, dass wir kurz vor Weihnachten noch Geschenke kaufen müssen. Das kann dann dazu führen, dass wir uns in überfüllten Einkaufszentren und Geschäften wiederfinden, um hektisch noch das eine oder andere Geschenk zu ergattern. Auch wenn wir uns in diesen Einkaufszentren oder Läden normalerweise wohlfühlen, aufgrund der extremen Überaktivierung ist das Einkaufen in dieser Situation unangenehm und beschwerlich.

Abb. 5.4.   Wasser und Pflanzen sind deaktivierende Reize, die zu einer entspannten Atmosphäre in einem Einkaufszentrum führen

Was kann der Handel tun, um solche negativen Reaktionen zu vermeiden oder zumindest abzuschwächen? Durch den Einsatz geeigneter Reize können Sie die Aktivierung von Konsumenten nicht nur steigern, sondern auch senken. So wirkt beispielsweise Wasser entspannend auf Menschen. Aus diesem Grund finden sich oft Springbrunnen und sonstige Wasserspiele in Einkaufszentren und Geschäften. Auch Grünpflanzen eignen sich sehr gut dazu, das Aktivierungsniveau Ihrer Kunden zu senken. In Einkaufszentren dienen Ruhezonen mit von Pflanzen umgebenen Sitzgelegenheiten dazu, dass sich die Kunden entspannen und neue Energie für die Fortsetzung des Einkaufsbummels schöpfen können. Ein hervorragendes Beispiel ist ein Einkaufszentrum südlich von Miami (Abb. 5.4), durch dessen Zentrum ein Bach führt. Nachdem sie den sich durch die Mall schlängelnden, von sich sanft im Wind wiegenden Palmen umgebenen Bach entlanggeschlendert sind, sind selbst die nervösesten Konsumenten entspannt und finden Spaß am Einkaufen.

Geschäfte können auch eine Kombination aus aktivierenden und deaktivierenden Reizen einsetzen, um eine optimale Ladenatmosphäre zu schaffen. Dazu bieten sich zwei Strategien an:[7]

1. Verwenden Sie aktivierende und deaktivierende Reize gleichzeitig.
2. Schaffen Sie kontrastierende Zonen im Geschäft.

Die erste Strategie zielt darauf ab, das optimale Aktivierungsniveau zu erreichen, indem beide Arten von Reizen miteinander kombiniert werden. Zum Beispiel kann ein Geschäft ein klar strukturiertes (deaktivierendes), aber neuartiges (und somit zugleich aktivierendes) Layout einsetzen. Oder aber ein Laden verwendet eher gedämpftes Licht (deaktivierend) für Produkte, die an einer ungewöhnlichen, überraschenden Stelle im Geschäft präsentiert werden (aktivierend).[8]

Die zweite Strategie setzt ebenfalls aktivierende und deaktivierende Reize ein, allerdings in unterschiedlichen Bereichen des Ladens. Kunden schätzen aktivierende Stimuli, fühlen sich danach aber auch wieder von deaktivierenden Reizen angesprochen. Dementsprechend können im selben Laden sowohl anregende Zonen mit brillanten Farben, hellem Licht und lauter Musik als auch andere Bereiche, die durch Pastellfarben, schwächere Beleuchtung und beruhigende Musik die Kunden entspannen, geschaffen werden. Im Dienstleistungsbereich wird dieser Ansatz oft von Nachtclubs erfolgreich eingesetzt, um das meist jugendliche Publikum möglichst lange im Lokal zu halten. Auf den Tanzflächen wird durch laute Musik, Lichteffekte und die Anwesenheit vieler Menschen auf engem Raum die von den Gästen gewünschte hohe Aktivierung geschaffen. Wenn die vielen intensiven Sinneseindrücke dann doch einmal zu viel werden, helfen Chill-out-Lounges, das Aktivierungsniveau wieder zu reduzieren.

In Tabelle 5.1 finden Sie einige Anregungen, wie durch anregende oder entspannende Reize die Aktivierung der Kunden im Laden oder in der Dienstleistungsumgebung bewusst gesteuert werden kann.

Aktivierende Reize	Deaktivierende Reize
Große Flächen, helle Beleuchtung, kräftige Farben, schnelle und laute Musik	Diskrete Beleuchtung, kleine Räume, langsame Musik
Bilder von emotionalen Situationen, anregende Düfte	Bilder mit Naturdarstellungen, Pflanzen und natürliche Beleuchtung
Neuartige, überraschende, ungewöhnliche Ladengestaltung	Vertraute, strukturierte, klar angeordnete Ladengestaltung

Tab. 5.1. Aktivierende und deaktivierende Reize

Bis jetzt haben wir uns nur damit beschäftigt, wie durch Reize in der Umgebung die Erregung oder Aktivierung der Kunden beeinflusst wird. Allerdings sollte auch die zweite Komponente der Emotion, nämlich das Vergnügen, nicht vernachlässigt werden. Es liegt auf der Hand, dass wir in unseren Kunden positive Emotionen und Stimmungen schaffen möchten. Es stellt sich allerdings die Frage, wie wir das erreichen können. Bei der Beantwortung dieser Frage macht es Sinn, die durch die Ladenatmosphäre hervorgerufenen Emotionen als eine Kombination aus Vergnügen und Aktivierung zu sehen. Umgebungen lassen sich auch anhand dieser beiden Dimensionen klassifizieren (siehe Abb. 5.5).

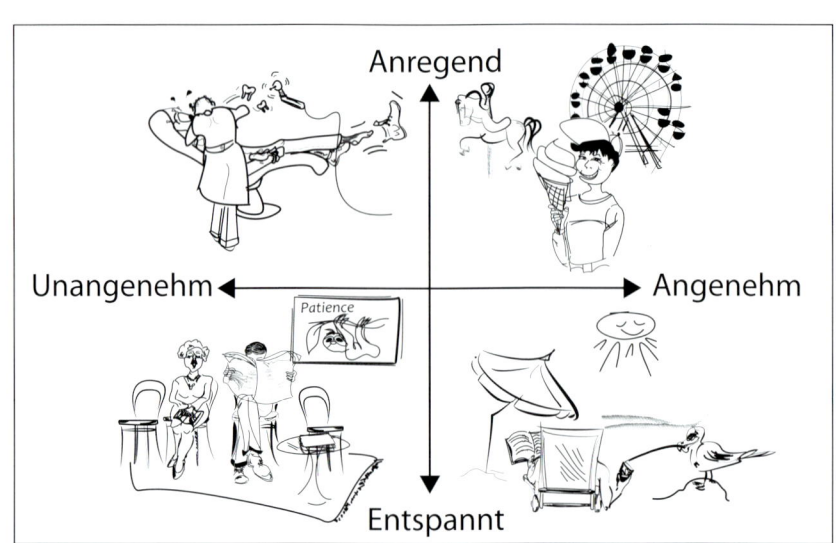

Abb. 5.5. Vier Kombinationen aus Vergnügen und Aktivierung

Eine Umgebung kann entspannt oder anregend sowie angenehm oder unangenehm sein. Eine zu starker Aktivierung führende Verkaufsumgebung führt nicht automatisch dazu, dass sich der Kunde wohlfühlt. Außerdem sind nicht alle angenehmen Umgebungen notwendigerweise erregend. Wenn Sie einen entspannten Abend in einem eleganten Restaurant verbringen, dann ist die Atmosphäre meist nur moderat aktivierend, und dennoch ist der Abend vergnüglich. Die Frage stellt sich also, was Sie mit der Atmosphäre in Ihrem Verkaufsraum erreichen möchten. Wie möchten Sie Ihr Geschäft oder Ihre Dienstleistungsumgebung in den beiden Dimensionen Vergnügen und Aktivierung positionieren? Abb. 5.5 kann Ihnen dabei helfen, Ihren Verkaufsraum so zu positionieren, dass Sie die richtige Balance zwischen entspannt und anregend finden. Natürlich ist die Entscheidung zwischen angenehm und unangenehm klar. Ein Geschäft sollte in einem der rechten Quadranten liegen: entweder eine Kombination aus anregend und angenehm (z.B. Sportgeschäft, Musikladen, Themenpark, Kegelbahn) oder eine Kombination aus entspannend und angenehm (z.B. Vinothek, Buchgeschäft, Therme).

Elegante Restaurants versuchen meist, eine deaktivierende, angenehme Atmosphäre zu schaffen, in der sich die Gäste entspannen können. Fastfood-Restaurants hingegen achten oft darauf, dass die Gäste nicht zu lange im Lokal verweilen, um Platz für andere Gäste zu machen. In diesem Fall werden dann grelle Farben und ein wenig unbequeme Sessel verwendet, damit die Gäste nach dem Essen bald wieder aufbrechen.

Nicht nur im Dienstleistungsbereich, sondern auch im Handel ist es für gewöhnlich ratsam, Kunden in eine gute Stimmung zu versetzen. Um es auf den Punkt zu bringen: Gut gelaunte Kunden kaufen mehr. Forschungsergebnisse zeigen beispielsweise, dass wohlgelaunte Konsumenten mehr Geld ausgeben als ursprünglich geplant.[9] Dies ist natürlich ein Verhalten, das der Handel fördern möchte. Positive Gefühle haben auch noch verschiedene andere positive Effekte. Zum Beispiel erreichen positiv gestimmte Kunden mit größerer Wahrscheinlichkeit ihr Einkaufsziel. Anders ausgedrückt, Kunden, die gut gelaunt sind, finden häufiger die Produkte, nach denen sie suchen. Dies wiederum wirkt sich positiv auf die Kundenzufriedenheit aus.[10] Um es zusammenzufassen: Wenn es gelingt, ein passendes Aktivierungsniveau sowie ein hohes Ausmaß an Vergnügen zu schaffen, führt das dazu, dass die Kunden:

- mehr Zeit im Verkaufslokal verbringen[11]
- mehr Geld als ursprünglich geplant ausgeben[12]
- eher bereit sind, wieder im Geschäft einzukaufen[13]
- zufriedener mit ihrem Einkauf sind.[14]

Um diese wünschenswerten Ziele zu erreichen, muss der Handel die Kunden glücklich machen. Dazu kann die passende Einkaufsatmosphäre beitragen. Die Einkaufsatmosphäre ist ein essenzieller Teil des Ladens. Sie setzt sich aus verschiedenen Elementen zusammen. Einige davon sind einfach zu steuern, andere hingegen nicht. Im folgenden Abschnitt erfahren Sie mehr über jene Faktoren, die Sie im Laden steuern können: Musik, Düfte, Licht, Farben und Crowding (Kundendichte im Laden). Jedes dieser Elemente hat erheblichen Einfluss auf das Annährungs- oder Vermeidungsverhalten von Kunden.

Wie Sie eine positive Ladenatmosphäre schaffen

Wenn ein Konsument an einem Laden vorübergeht, entscheiden oft ein paar Sekunden, ob er das Geschäft betritt oder nicht. Lassen Sie uns Ihnen ein Beispiel geben: Sie schlendern durch ein Einkaufszentrum und kommen an einem Modegeschäft vorbei. Die ansprechend gestaltete Auslage zieht Ihre Aufmerksamkeit an und Sie stoppen kurz, um sich die Produkte anzusehen. Aus dem Laden kommen eine angenehme Musik und ein beinahe unbemerkbarer Zitrusduft. Sie entscheiden sich, ein paar Minuten in den Laden hineinzuschauen.

Ihr „Annäherungsverhalten" ist auf visuelle, olfaktorische und auditive Reize zurückzuführen. Allerdings dienen diese Reize nicht nur dazu, Kunden in den Laden zu locken. Vielmehr lassen sich durch den gezielten Einsatz von Musik, Düften, Licht und Farben auch im Laden selbst erstrebenswerte Ziele erreichen.

Hören Sie auf die Musik

Vielleicht waren Sie schon einmal in dieser Situation. Sie hören Ihr Lieblingslied im Radio und schon fühlen Sie sich etwas besser. Diesen Effekt, den Musik auf Gefühlszustände hat, kann man sich auch in der Ladengestaltung zunutze machen. Es gibt zahlreiche Möglichkeiten, um Musik einzusetzen. Musik kann beispielsweise laut oder leise, schnell oder langsam sein. Sie können sich für Vokalmusik oder für Instrumentalmusik entscheiden. Außerdem kann Musik im Hintergrund oder im Vordergrund gespielt werden. Wenn Musik allerdings im Vordergrund gespielt wird, kann dies dazu führen, dass die Musik die Aufmerksamkeit der Kunden auf sich zieht anstatt auf die Ware.[15] Zusätzlich gilt es natürlich auch den Musikstil wie Lounge-Musik, Rock oder Klassik zu berücksichtigen. Viele Dienstleistungsbetriebe setzen Musik dazu ein, das Kaufverhalten ihrer Kunden zu beeinflussen. Welche Effekte durch Musik zu erzielen sind und was dabei zu berücksichtigen ist, erfahren Sie auf den nächsten Seiten.

Bei langsamer Musik bleiben Kunden länger im Geschäft

Um die unterschiedliche Wirkung langsamer und schneller Musik auf das Konsumentenverhalten darzustellen, vergleichen wir nochmals ein Fastfood-Restaurant mit einem exklusiven Restaurant. Die Atmosphäre in vielen Fastfood-Restaurants zielt meist auf ein hohes Aktivierungsniveau ab: viele Menschen, helles Licht, laute, schnelle Musik. Im Gegensatz dazu das elegante Restaurant: Kerzenlicht, Tische, die nicht zu eng aneinander gerückt sind, langsame Hintergrundmusik. Im Fastfood-Restaurant dient die schnelle Musik dazu, die Gäste anzuregen, nach dem Essen das Restaurant bald wieder zu verlassen.[16] Im Gegensatz dazu veranlasst die langsame Musik im eleganten Restaurant die Gäste dazu, nach dem Essen noch zu verweilen und Speisen und Getränke mit hoher Gewinnspanne wie z.B. Desserts und Cocktails zu bestellen.[17]

Die Kunden dazu zu bringen, länger im Laden zu verweilen, sollte auch ein Ziel im Handel sein. Je länger nämlich Kunden im Laden bleiben, desto mehr Produktkontakt haben sie, und dies wirkt sich auf den Umsatz aus. Eine der wirksamsten Möglichkeiten, um Kunden länger im Laden zu behalten, ist der Einsatz langsamer Musik.[18] Darüber hinaus wirkt sich Musik auch auf die Kaufrate aus. Studien haben gezeigt, dass sich der Umsatz um bis zu 38% steigern lässt, wenn im Laden langsame statt schneller Musik gespielt wird.[19] Natürlich sind, wie Sie sehen werden, bei der Auswahl von Musik die Präferenzen der Zielgruppe zu beachten. Aber aufgrund der doch recht eindeutigen Studienergebnisse empfehlen wir, unabhängig vom Musikgenre, in den meisten Geschäften nach Möglichkeit langsame Musik einzusetzen.

Musik beeinflusst die Preis- und Qualitätswahrnehmung

Ein weiterer für das Handelsmarketing relevanter Umstand ist, dass durch Musik im Laden die wahrgenommene Qualität der Produkte sowie die Dienstleistungsqualität positiv beeinflusst werden können. Dabei wirkt sich nicht nur die Musikrichtung, sondern auch das Tempo auf die Qualitätswahrnehmung aus. Im Fall von klassischer Musik wird die Qualität der Dienstleistung bei schneller Musik besser bewertet als bei langsamer Musik. Im Gegensatz dazu wird, wenn Hitparadenmusik gespielt wird, die Qualitätswahrnehmung durch langsame Musik positiv beeinflusst. Darüber hinaus beurteilen Kunden sowohl die Produkte als auch die Bedienung im Geschäft besser, wenn ihnen die Musik im Laden gefällt.[20]

Abgesehen von der Qualitätswahrnehmung lässt sich auch die Preiswahrnehmung durch Musik beeinflussen. Klassische Musik vermittelt den Kunden ein prestigereiches, exklusives und hochpreisiges Image. Wird hingegen Hitparadenmusik gespielt, dann erwarten sich Konsumenten, niedrigpreisigere Produkte im Laden zu finden.[21]

Musik beeinflusst die Zeitwahrnehmung im Laden

Studien haben ergeben, dass Konsumenten eine bestimmte Zeit für ihre Einkäufe vorsehen. Wird dieser Zeitrahmen überschritten, dann entschließt sich der Kunde, den Einkauf zu beenden.[22] Aus diesem Grund sollten Händler versuchen, die vom Kunden subjektiv wahrgenommene im Geschäft verbrachte Zeit so niedrig wie möglich zu halten. Dabei kann die Hintergrundmusik im Laden helfen. Die Art der eingesetzten Musik spielt hierbei jedoch eine erhebliche Rolle. Kunden empfinden die in einem Geschäft verbrachte Zeit dann als lange, wenn sie die Musik nicht kennen. Wenn zum Beispiel ein Geschäft, das junge Konsumenten ansprechen möchte, klassische Hintergrundmusik spielt, wird die wahrgenommene Zeit beim Einkaufen als länger empfunden (natürlich unter der Voraussetzung, dass diese Kunden für gewöhnlich keine klassische Musik hören). Das Gleiche trifft auf Kunden, die meist klassische Musik hören, zu, wenn sie ein Geschäft betreten, in dem Hitparadenmusik gespielt wird.[23]

Musik fördert die Kommunikation mit dem Verkaufspersonal

Musik hat nicht nur einen direkten Einfluss auf den Umsatz, sondern sie beeinflusst auch verschiedene Aspekte des Kaufverhalten, die sich ihrerseits wiederum positiv auf die Kaufwahrscheinlichkeit auswirken. So lässt sich durch Musik die Intensität des Kontakts zwischen Verkaufspersonal und Kunden beeinflussen. Diese Interaktionen werden intensiviert, wenn langsame, nur schwach aktivierende Musik gespielt wird. Bei schneller oder gar keiner Musik kommt es hingegen zu weniger Kontakten zwischen Verkäufern und Kunden.[24] Diese Möglichkeit, durch Musik Kunden dazu zu veranlassen, mit den Verkäufern zu sprechen, ist besonders bei Dienstleistungen oder in Geschäften, in denen beratungsintensive Produkte verkauft werden (denken Sie z.B. an Autohändler), von Bedeutung.

Die Überzeugungskraft des Verkaufspersonals lässt sich durch Musik ebenfalls verstärken. Konsumenten suchen nach anderen Hinweisen und Informationsquellen, wenn sie sich nicht nur auf Verkäufer verlassen möchten. Wenn die Musik einen solchen Hinweis auf das Sortiment gibt (z.B. aktuelle Musik = modische Kleidung), dann fließt sie als zusätzliche Informationsquelle in die Kaufentscheidung mit ein.

Musik erleichtert die Erinnerung

Vielleicht kennen Sie diese Situation: Sie hören ein Lied im Radio und plötzlich erinnern Sie sich an eine Begebenheit, an die Sie schon lange Zeit nicht mehr gedacht hatten. Beim Einkauf kann Musik ebenfalls Erinnerungen wecken. Eine durch die Musik im Laden induzierte Stimmung, die jener ähnlich ist, in der produkt- oder kaufrelevante Informationen im Gedächtnis gespeichert wurden, erleichtert die Erinnerung an diese. Musik erleichtert allerdings nicht immer die Erinnerung. Nur wenn die Musik zur Umgebung passt, fällt Konsumenten die Erinnerung leichter. Wenn die Musik hingegen unpassend ist, dann ist die kognitive Anstrengung, sich zu erinnern, größer.[25] Musik kann also dazu verwendet werden, positive Informationen ins Gedächtnis zu rufen. Zum Beispiel kann karibische Musik in einem Reisebüro Urlaubserinnerungen wachrufen und damit die Kunden in eine positive Stimmung versetzen. In einem Modegeschäft wiederum kann die passende Musik die junge Kundschaft an ihre letzte Party erinnern.

Musik kann unerwünschtes Publikum fernhalten

Musik kann Kunden in den Laden locken, aber sie kann auch dazu verwendet werden, um bestimmte Gruppen vom Geschäft fernzuhalten. So hatte der Manager eines Tankstellenshops das Problem, dass Gruppen von Teenagern fast jede Nacht auf dem Parkplatz vor dem Shop herumhingen und Partys feierten, was wiederum andere Kunden vom Besuch abhielt. Die Lösung: Am Dach des Shops wurden Lautsprecher montiert, über die Mozart, Mantovani und Folk Music aus den 1960er-Jahren gespielt wurde. Diese einfache Maßnahme reichte offenbar aus, da die Jugendlichen die Musik hassten. „Wenn Sie Mozart oder Mantovani spielen, ist das ein subtiler Weg die Kids zu vertreiben", so der Shop-Manager.[26] Auch wenn wir uns nicht sicher sind, ob diese Methode wirklich so subtil war, so ist sie doch recht zurückhaltend im Gegensatz zu anderen Maßnahmen, um herumlungernde Teenager einzudämmen.

In Japan wurde nämlich eine wesentlich drastischere auditive Methode eingesetzt, um Teenager, die des Nachts einen Park in Tokyo vandalisierten zu vertreiben, und zwar ein hochfrequenter Ton. Da mit zunehmendem Alter die Fähigkeit, hochfrequente Töne zu hören, deutlich abnimmt, konnten nur Teenager, aber keine anderen Leute diesen unangenehmen Ton hören.[27] Allerdings, im Sinne des gedeihlichen Zusammenlebens zwischen den Generationen (und um Sie vor einer möglichen Klage zu bewahren), raten wir von dieser Methode ab.

So bringen Sie Musik in das Geschäft

Abschließend möchten wir uns noch kurz mit den Möglichkeiten, Musik in das Geschäft zu bringen, beschäftigen. Diese hängen davon ab, wie viel Kontrolle Sie über die Musik haben möchten. Das Abspielen von Radiomusik ist am einfachsten, bietet aber auch die wenigsten Steuerungsmöglichkeiten. Es gibt aber auch noch andere Verfahren, mit den wir uns in der Folge befassen werden.

Spielen Sie Radiomusik

Wenn Sie einen Radiosender im Geschäftslokal spielen möchten, müssen Sie gesetzliche Regelungen beachten und Lizenzgebühren zahlen. Dies ist allerdings nicht der einzige Nachteil. Zwar gib es Radiosender, die sich auf bestimmte Musikrichtungen spezialisieren, aber dennoch haben Sie relativ wenig Kontrolle darüber, was Ihre Kunden hören werden. Außerdem wird die Musik durch Moderatoren und durch Werbung unterbrochen. Im schlimmsten Fall sogar durch Werbung für Ihre Konkurrenz. Alles in allem ist Radiomusik aus diesen Gründen keine von uns empfohlene Option.

Verwenden Sie gekaufte oder gemietete Spezialmusik auf CD oder als MP3

Eine weitere Möglichkeit ist, Musik auf CD oder als MP3 zu kaufen. Der Vorteil ist, dass Sie dabei volle Kontrolle über die im Laden zu hörende Musik haben. Sie können sowohl die Musikrichtung als auch das Tempo bestimmen. Wenn Sie CDs oder MP3s kaufen, müssen Sie allerdings eine Abgabe an die Verwaltungsgesellschaft der Musikindustrie abliefern, da Sie die Musik in der Öffentlichkeit abspielen. Es gibt auch die Option, spezielle CDs mit für Läden vorgesehener Hintergrundmusik zu mieten, anstatt sie zu kaufen. Der Vorteil ist, dass Sie die Musik damit häufig wechseln können, was Langeweile bei Kunden und Verkaufspersonal vorbeugt.

Abonnieren Sie einen Satellitensender, der Hintergrundmusik sendet

Sie können auch einen auf Hintergrundmusik für Läden spezialisierten Satellitensender abonnieren. Über Satellitensender können Sie aus vielen verschiedenen Musikrichtungen auswählen. Meist kann auch der Musikstil je nach Tageszeit variiert werden. Dies ist hilfreich, da es Ihnen ermöglicht, unterschiedliche Zielgruppen zu unterschiedlichen Zeiten zu erreichen. Zum Beispiel kann ein Bekleidungsgeschäft am Vormittag Musik für ein reiferes Publikum und am Nachmittag nach Schulschluss Hitparadenmusik für jüngere Kunden spielen.

Schaffen Sie ein eigenes Einkaufsradio

Wenn Sie über das Lautsprechersystem des Geschäfts zusätzlich zur Musik auch mittels gesprochener Botschaften mit Ihren Kunden kommunizieren möchten, dann ist unter Umständen ein Einkaufsradio mit Live-Moderation eine geeignete Lösung. Diese Methode bietet Ihnen den größten Einfluss darauf, was Ihre Kunden hören. Allerdings ist es auch die aufwendigste und teuerste Variante, um Musik in den Laden zu bringen. Ein Einkaufsradio bietet jedoch viele Vorteile. Zunächst wird nicht nur Musik gespielt, sondern es sind auch Werbeeinschaltungen, die beispielsweise auf Sonderangebote hinweisen, möglich (dies lässt sich allerdings auch ohne einen Moderator realisieren). Zweitens können die Kunden über das Einkaufsradio mit für sie relevanten Informationen (Nachrichten, Wetterbericht, Sportergebnissen) versorgt werden. Drittens wird durch das Einkaufsradio die Kundschaft unterhalten und so die Einkaufsatmosphäre verbessert. Außerdem versorgt das Einkaufsradio nicht nur Kunden, sondern auch das Verkaufspersonal mit Informationen über Promotions, was sich vorteilhaft auf Verkaufsabschlüsse auswirken kann.[28] Ein eigenes Einkaufsradio bietet also eine Reihe von Vorteilen, aufgrund der höheren Kosten ist die Realisierung aber meist größeren Handelsketten vorbehalten.

Der süße Duft des Erfolgs

Wenngleich Musik einen starken Einfluss auf das Einkaufsverhalten hat, so gibt es dennoch einen andern Umweltreiz, der einen noch größeren Einfluss, vor allem auf die Stimmung der Konsumenten, ausübt. Von allen fünf Sinnen hat der Geruchssinn den wahrscheinlich stärksten Einfluss auf Emotionen und Stimmungen. Das liegt daran, dass der Riechnerv, der die Nase mit dem Gehirn verbindet, direkt in das limbische System mündet, jene Gehirnregion, die für emotionale Reaktionen zuständig ist.[29]

Generell kann man im Marketing zwischen Düften unterscheiden, die verwendet werden, um ein Produkt zu parfümieren, und solchen, die zur Beduftung von Verkaufsräumen eingesetzt werden. Die Letzteren werden auch als Raumdüfte bezeichnet. Ein Charakteristikum von Raumdüften ist, dass sie nicht objektspezifisch sind, sondern im gesamten Laden oder Teilen davon zu wahrzunehmen sind. Wie Sie noch sehen werden, gibt es zahlreiche Geruchsnoten, die als Raumdüfte verwendet werden können. Diese lassen sich nach ihrer affektiven Qualität (also als wie angenehm sie empfunden werden), ihrer Wirkung auf das Aktivierungsniveau der Konsumenten und ihrer Intensität einteilen.[30]

Heben Sie durch Düfte Ihr Geschäft von den Mitbewerbern ab

Immer mehr Geschäfte setzen Raumdüfte ein, unter anderem um sich damit im Markt zu positionieren. Aus diesem Grund wird zum Beispiel in Samsung-Flagship-Stores ein eigens zusammengestellter Melonenduft eingesetzt.[31] Damit soll die Marke Samsung als besonders wahrgenommen werden und subtil von den Mitbewerbern abgehoben werden.

Düfte können aber nicht nur zur Positionierung und Stärkung des Markenimages verwendet werden, sondern sie können auch Emotionen und Stimmungen auslösen oder verstärken. Sie können die Konsumenten beispielsweise in eine entspannte, schwungvolle oder nostalgische Stimmung versetzen. Aufgrund ihres starken Einflusses auf die Stimmung haben Raumdüfte zahlreiche positive Effekte auf das Käuferverhalten.

Verbessern Sie durch Düfte die Stimmung von Konsumenten

Der starke Einfluss, den Düfte auf die Stimmung von Konsumenten haben können, wurde uns bewusst, als wir ein Experiment durchführten, bei welchem wir Konsumenten die Produkte in einem Dessousgeschäft beurteilen ließen. Was die Konsumenten nicht wussten, war, dass wir dabei entweder einen erotischen oder einen frischen Duft verströmten. Zwar waren beide Düfte angenehm, Versuchspersonen, die den erotischen Duft rochen, beurteilten die Produkte jedoch signifikant besser als Personen, die den frischen Zitrusgeruch oder überhaupt keinen Duft rochen. Die Ersteren waren auch in einer besseren Stimmung. Düfte können also die Stimmung von Konsumenten verbessern, was sich auf deren Kaufwahrscheinlichkeit auswirkt. Allerdings machen die Ergebnisse unserer Untersuchung auch deutlich, dass es nicht ausreicht, einfach einen angenehmen Duft zu verwenden. Der Raumduft muss auch kongruent sein. Das heißt, er muss zum Geschäft passen, was erklärt, warum der angenehme erotische Duft im Dessousgeschäft zum Erfolg führte, der ebenfalls angenehme, inkongruente frische Duft hingegen nicht.[32] Da Kongruenz beim Einsatz von Düften, aber auch bei anderen atmosphärischen Umweltreizen eine so große Rolle spielt, werden wir etwas später in diesem Kapitel nochmals darauf zurückkommen.

Ziehen Sie Konsumenten durch Düfte an

Manche Düfte sind so angenehm, dass sie Konsumenten anlocken, und manche Geschäfte machen sich das zunutze. Zum Beispiel verwenden Spezialgeschäfte für Seife und Naturkosmetik wie etwa die britische Kette Lush intensiv Düfte, um Passanten bereits am Gehsteig auf sich aufmerksam zu machen. Bäckereien verströmen den Geruch frischer Backwaren, der das Wasser im Mund der Konsumenten zusammenlaufen lässt. Zu guter Letzt soll auch auf die Modekette Abercrombie & Fitch (und ihre Schwestermarke Hollister) nicht vergessen werden, deren Geschäfte in jedem Einkaufszentrum schon aus erheblicher Entfernung am intensiven Geruch erkennbar sind. Ob dieser „Signature Scent" längerfristig bei Besuchern der Einkaufszentren (und den benachbarten Geschäften) auf Zuspruch stößt, ist jedoch zumindest diskussionswürdig.

Bringen Sie Kunden dazu, mehr Zeit im Laden zu verbringen

Durch Raumdüfte lässt sich auch die Zeitwahrnehmung von Konsumenten beeinflussen. In einem Experiment wurde die Zeit, die Konsumenten in einem bedufteten Geschäft verbrachten, um 26% unterschätzt.[33] Im Gegensatz dazu waren Leute in einem unangenehm riechenden Laden der Meinung, dass sie mehr Zeit im Laden verbracht hatten, als dies tatsächlich der Fall war. Außerdem wurde das Geschäft besser bewertet, wenn angenehm beduftet wurde. Ein (subtiler) Duft kann sich also sowohl auf die Zeit, die Kunden im Geschäft verbringen, als auch auf die Bewertung des Geschäfts positiv auswirken.[34]

Regen Sie durch Düfte zum Kauf an

Düfte wirken nicht nur auf Stimmungen und Zeitwahrnehmung. Vielmehr lässt sich durch Düfte auch der Umsatz steigern. Eine der ersten Untersuchungen in diesem Zusammenhang fand in einem Spielkasino in Las Vegas statt. Das Ergebnis war, dass Kasinobesucher an bedufteten Spielautomaten mehr Geld ausgaben als an unbedufteten Automaten.[35] Düfte werden jedoch auch in konventionelleren Verkaufsräumen eingesetzt, um Käufe positiv zu beeinflussen. In Kaffeegeschäften und Espressobars wird der aromatische Duft frisch gebrauten Kaffees verströmt, und auch Zigarrengeschäfte, Antiquariate und Bäckereien setzen bisweilen Duftstoffe ein, um den natürlichen Geruch ihrer Waren zu verstärken.[36] Bei der Verwendung von Raumdüften ist aber unbedingt darauf zu achten, dass der Duft zum gesamten Sortiment passt, ansonsten kann es passieren, dass die Absatzsteigerung eines Produktes (zu dem der Duft passt) durch den Absatzrückgang anderer Produkte kompensiert wird.[37] So fanden Forscher in einem in den Medien vielbeachteten Feldexperiment in einem Buchgeschäft, dass deutlich mehr Liebesromane gekauft wurden, wenn im Geschäft der Duft von Schokolade zu vernehmen war. Was in den Medien seltener berichtet wurde: Der Schokoduft wirkte sich negativ auf den Kauf mit dem Schokoduft inkongruenter Bücher wie Kriminalromane aus.[38] Anstatt produktspezifischer Raumdüfte ist es also besser, Düfte zu verwenden, die zum gesamten Geschäft und Sortiment passen.

Einen solchen Duft fanden wir für einen unserer Klienten, eine Konditoreikette. Dort setzten wir einen Duft mit dem köstlichen Namen „Cookies & Cream" ein. In einem Geschäft wurde jeden zweiten Tag dieser Duft nach Keksen und Schlagsahne verströmt. Was war die Auswirkung auf den Umsatz? Sie haben es erraten: An den Tagen, an denen der Duft verwendet wurde, kam es jeweils zu einer (moderaten) Umsatzsteigerung.

Wussten Sie, dass ein durchschnittlicher Mensch ca. 10.000 verschiedene Geruchsnoten unterscheiden kann?[39] Keine Angst, Sie müssen nicht alle ausprobieren. Stattdessen finden Sie in Tabelle 5.2 eine kurze Aufstellung von Düften, die in Verkaufsräumen eingesetzt werden können, sowie deren Wirkung. Beachten Sie jedoch, dass diese generellen Duftwirkungen nach Möglichkeit am jeweiligen Einsatzort an der Zielgruppe getestet werden sollten.

Vielleicht ist Ihnen aufgefallen, dass es sich bei den in der Tabelle angeführten Düften um einfache Gerüche anstatt um Duftmischungen handelt. Ob von einem Duft positive Auswirkungen auf das Konsumentenverhalten zu erwarten sind, hängt nämlich von dessen Komplexität ab. Der Geruch von Limetten ist beispielsweise ein einfacher Duft, eine Mischung aus Limette, Orange, Grapefruit und Zitrone hingegen ein komplexerer Zitrusduft. Wie empirisch bestätigt werden konnte, lassen sich simple Düfte kognitiv einfacher verarbeiten. Dies führt zu positiveren Emotionen, was sich in weiterer Folge auch in einem höheren Umsatz niederschlägt.[40] Auch wenn die Parfümindustrie oft komplexe Kreationen schafft, für den Einsatz im Verkaufslokal sind aufgrund der höheren Verarbeitungsflüssigkeit einfache Düfte zu empfehlen.

Darüber hinaus ist auch die Intensität von Düften zu beachten. Wenn ein zu starker Duft verwendet wird, irritiert dies die Kunden. Um das Konsumentenverhalten beeinflussen zu können, sollte der Duft allerdings noch wahrnehmbar sein. Die Intensität von Düften und deren Wirkung kann durch die umgekehrte U-Kurve erklärt werden, die wir zuvor im Zusammenhang mit der Aktivierung besprochen haben. Ein zu schwacher Duft wird sich nicht auf das Kaufverhalten auswirken, ein zu starker Duft hingegen zu negativen Reaktionen führen. Zum Beispiel kann in einem Schuhgeschäft ein Lederduft eingesetzt werden, um die Kunden zum Kauf zu animieren. Wenn der Duft allerdings zu stark ist, lenkt er von Produkten ab und wird als unangenehm empfunden.[41] Unserer Erfahrung nach ist die Duftintensität dann richtig, wenn die meisten Kunden den Duft beim Betreten des Verkaufslokals nicht bemerken, den Duft jedoch wahrnehmen können, wenn sie darauf angesprochen werden.

Die Intensität von Düften im Verkaufslokal kann durch technische Vorrichtungen zur Geruchsdiffusion einfach gesteuert werden. Diese stellen wir am Ende dieses Abschnitts vor.

Duft	Wirkung
Lavendel, Basilikum, Zimt	Entspannend, beruhigend, deaktivierend
Pfefferminze, Thymian, Rosmarin, Grapefruit, Eukalyptus	Steigerung des Aktivierungsniveaus, stimulierend, Energie verleihend, produktivitätssteigernd
Orange, Lavendel	Angstsenkend (z.B. im Wartezimmer einer Zahnarztpraxis)
Ingwer, Schokolade, Kardamon, Lakritze	Rufen romantische Gefühle hervor
Blumendüfte	Steigern die Verweildauer in Einkaufszentren
Vanille	Ermutigend, beruhigend, gibt das Gefühl von Geborgenheit
Schwarzer Pfeffer	Sexuell stimulierend

Tab. 5.2. Allgemeine Wirkungen verschiedener Düfte. Quelle: Hunter (1995); Lehrner et al. (2005); Lovelock und Wirtz (2011); Mattila und Wirtz (2001)

Die Wirkung verschiedener Düfte auf den Menschen wurde zwar schon oft untersucht, allerdings sprechen nicht alle Konsumenten genau gleich auf bestimmte Gerüche an. Manche Kunden lieben den Duft von Lavendel, andere hingegen verbinden negative Erfahrungen mit diesem Geruch. Es wäre daher aus pragmatischen Gründen ideal, Gerüche zu finden, die auf uns alle möglichst gleich wirken. Dies regte uns zu einer Studie an, in der wir die Wirkung von Pheromonen auf das Konsumentenverhalten untersuchten. Pheromone sind vom menschlichen Körper produzierte Duftstoffe, die auf viele Menschen die gleiche Wirkung haben. In unserer Studie untersuchten wir ein männliches Pheromon namens Androstenol, das einen leicht moschusartigen, aber angenehmen Geruch hat. Die Studie führte zu einem interessanten Ergebnis. Es ist tatsächlich möglich, die Wahrnehmung von Produkten durch menschliche Pheromone zu beeinflussen. Männer nehmen männliche Produkte als maskuliner wahr, wenn sie die Produkte beurteilten, während sie das männliche Pheromon rochen.[42] Interessanterweise wurden aber nur Männer durch das männliche Pheromon beeinflusst, und Frauen reagierten überhaupt nicht darauf, obwohl Pheromone oft als Sexuallockstoffe gesehen werden. Die Natur findet eben ihre eigenen Wege.

So verbreiten Sie Düfte im Laden

Wir haben zwar besprochen, wie Raumdüfte angewandt werden können, um die Einkaufsatmosphäre und das Konsumentenverhalten zu beeinflussen, aber wir haben uns noch nicht damit beschäftigt, wie diese Düfte im Laden verbreitet werden. Mittlerweile zeigt der Handel ein derart großes Interesse an der Beduftung, dass sich eigene Duftmarketing-Unternehmen etabliert haben. Auch wenn wir uns hier nicht mit den technischen Details auseinandersetzen können, so möchten wir doch einen kurzen Überblick über die verbreitetsten Verfahren der Raumbeduftung geben.

Im Wesentlichen kann zwischen Einzelgeräten (Duftsäulen) und Beduftungssystemen, die mit der Ladenbelüftungsanlage verbunden sind, unterschieden werden. Die Entscheidung zwischen diesen beiden Möglichkeiten hängt vorwiegend von der Geschäftsgröße ab. Für kleinere Geschäfte gibt es flexible Apparate, die entweder nach dem Prinzip der Zerstäubung (elektrische Sprühgeräte geben in voreingestellten Intervallen Duftstoffe an die Umgebung ab) oder Verdampfung funktionieren. Manche Duftmarketing-Unternehmen bieten auch Systeme an, welche die Beduftungsgeräte für den Kunden völlig unsichtbar machen.

Das Geschäft in das richtige Licht setzen

Die Beleuchtung ist ebenfalls ein wichtiger Faktor der Ladenatmosphäre. Hier ist zunächst die Stärke der Beleuchtung von Relevanz. Wenn wir ein Geschäft betreten, wird unser erster Eindruck oft durch die Lichtintensität beeinflusst. Haben Sie schon einmal bei einem Lebensmitteldiskonter eingekauft? Während Diskonter meist heller erleuchtet sind und damit signalisieren, dass der Kunde dort schnell, effizient und günstig einkaufen kann, lädt die etwas geringere Lichtintensität in einem höherpreisigen Kaufhaus zu einem gemütlichen Einkaufsbummel ein. Auch wenn die Beleuchtung nur einen Teil der Ladenatmosphäre ausmacht, so beeinflusst sie doch maßgeblich das menschliche Verhalten, insbesondere deshalb, weil sich die Stärke der Beleuchtung auf das Aktivierungsniveau auswirkt. Generell führen hell beleuchtete Räume zu einer stärkeren Aktivierung als schwächer beleuchtete Bereiche.[43] Dies hat Auswirkungen auf das Kaufverhalten. Die optimale Stärke der Beleuchtung hat mehrere positive Auswirkungen:

- *Helles Licht erhöht die Anzahl der Impulskäufe.* Die Beleuchtung wirkt sich auf die Impulskäufe im Laden aus. Durch die höhere Aktivierung durch helles Licht wird bei den Konsumenten die Neigung zu Impulskäufen erhöht. Da diese im Handel einen besonders wichtigen Faktor für Umsatz und Gewinn darstellen, können wir ganz allgemein eine höhere Lichtintensität empfehlen. Allerdings gilt es wie bei allen atmosphärischen Faktoren darauf zu achten, den optimalen Aktivierungsgrad nicht zu überschreiten, sonst schlägt das gewünschte Annäherungsverhalten in Vermeidungsverhalten um. Außerdem sollte die Lichtintensität im Geschäftslokal variiert werden, da in den verschiedenen Bereichen des Geschäfts unterschiedlich viel Licht benötigt wird, um die optimale Sicht auf die Produkte zu gewährleiten.[44]

- *Helles Licht erhöht die Ehrlichkeit.* Wie in einem Experiment festgestellt wurde, wirkt sich die Intensität der Beleuchtung auf die Ehrlichkeit aus. Wenn ein Raum hell erleuchtet ist, tendieren die Personen im Raum zu größerer Ehrlichkeit.[45] Stärkere Beleuchtung (insbesondere von Zonen, in denen Ladendiebstähle häufig vorkommen) kann somit dabei helfen, Diebstähle zu reduzieren.

- *Helles Licht verstärkt das Produktinteresse.* Bei hellem Licht nehmen Kunden eine größere Anzahl an Produkten in die Hand und beschäftigen sich mit ihnen.[46] Die Beleuchtung verstärkt nicht nur das Produktinteresse, sondern die Konsumenten finden hell beleuchtete Produkte auch attraktiver. Außerdem verbringen Kunden mehr Zeit vor beleuchteten Produktdisplays als vor unbeleuchteten Displays.[47]

Abb. 5.6. Unterschiedliche Lichtzonen in einem Buchgeschäft

Wie erwähnt ist es sinnvoll, die Beleuchtung im Laden zu variieren. Damit schaffen Sie Abwechslung und lenken den Kunden. Um ein Beispiel zu nennen, die Beleuchtung in einem Buchgeschäft wird generell recht hell sein. Aber damit die Leseecke im Geschäft besonders hervortritt und auf Kunden einladend wirkt, sollte diese noch etwas heller beleuchtet sein (siehe Abb. 5.6).

Unterschiedliche Beleuchtung kann auch verwendet werden, um Produkte hervorzuheben. Verwenden Sie dazu schwächere Beleuchtungskörper für die Wände und den Boden und stärkeres Licht für Ihre Produkte. Wenn Sie die Beleuchtung Ihres Geschäfts planen, stehen Ihnen fünf grundsätzliche Möglichkeiten zur Verfügung:[48]

1. *Allgemeine Beleuchtung*. Die allgemeine Beleuchtung (siehe Abb. 5.7a) bezieht sich darauf, wie der gesamte Verkaufsraum beleuchtet wird. Durch die allgemeine Beleuchtung werden keine Produkte oder Ladenbereiche akzentuiert. Die allgemeine Beleuchtung sollte so hell sein, dass Kunden das Sortiment problemlos visuell erkunden können. Künstliches Licht lässt sich leichter steuern als natürliches Tageslicht, das sich im Laufe des Tages verändert. Dennoch sollte natürliches Licht so weit wie möglich in die Beleuchtung des Geschäfts integriert werden. Menschen sehnen sich instinktiv danach, mit der Natur verbunden zu sein, eine Tendenz, die in der Evolutionsgeschichte der menschlichen Spezies ihre Wurzeln hat.[49] Diese Präferenz für Natürlichkeit erstreckt sich auch auf die Beleuchtung. Dementsprechend ziehen Konsumenten natürliches Tageslicht künstlicher Beleuchtung vor.[50]

2. *Lineare Beleuchtung*. Um Ihren Kunden im Laden den Weg zu weisen, verwenden Sie lineare Beleuchtung (siehe Abb. 5.7b). Die lineare Beleuchtung wird über dem Loop, dem Kundenleitweg, angebracht.

3. *Direktionale und gezielte Beleuchtung*. Licht kann (und soll) dazu verwendet werden, Produkte hervorzuheben. Je nach eingesetzter Produktpräsentation kann dies in Form von direktionaler Beleuchtung des Warenträgers (Abb. 5.7c) oder gezielter Beleuchtung bestimmter Produkte (Abb. 5.7d) erfolgen.

4. *Indirekte Beleuchtung*. In bestimmten Fällen wirkt die indirekte Beleuchtung vorteilhaft für die Präsentation der Produkte. Die Produkte werden dabei nicht direkt angestrahlt, sondern das Licht wird von einer Holz- oder Metallfläche reflektiert.

5. *Spezialbeleuchtung*. Der Warenträger selbst kann auch als Beleuchtungskörper fungieren. Dies wird als Spezialbeleuchtung bezeichnet (siehe Abb. 5.7f). Diese Art der Beleuchtung finden Sie oft in Juweliergeschäften, wo sie den Schmuck zum Glänzen bringt.

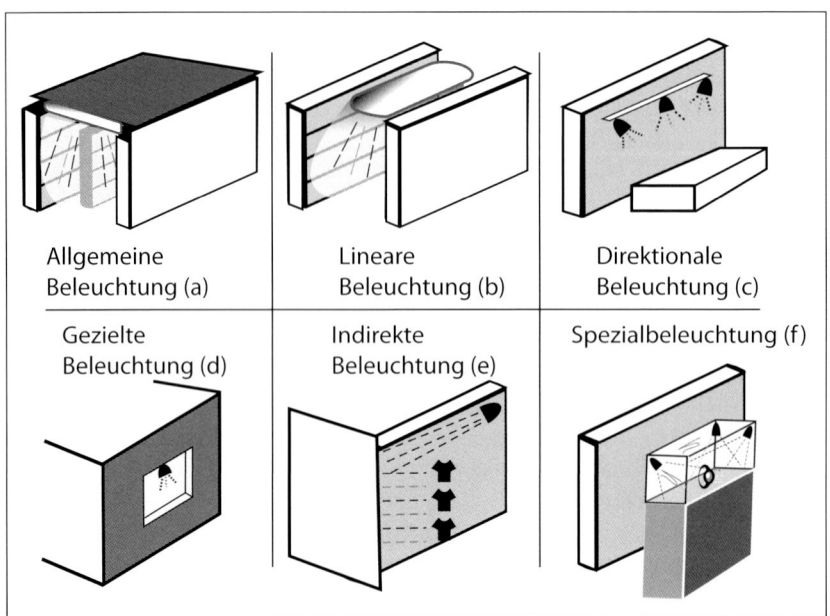

Abb. 5.7. Verschiedene Arten der Beleuchtung im Laden

Mithilfe der Beleuchtung können Sie auch optische Illusionen schaffen. Zum Beispiel kann ein Geschäft dadurch größer erscheinen, dass Licht auf die Wände gerichtet wird oder indem die Decke stärker ausgeleuchtet wird. Ein niedriges Geschäftslokal erscheint höher, indem Licht von unten auf hell gestrichene Wände gelenkt wird. Zu hohe Räume erscheinen hingegen niedriger, wenn an der Decke Hängeleuchten angebracht werden.

Kleine oder enge Geschäftslokale können durch die richtige Beleuchtung optisch vergrößert werden. In einem schmalen Raum lenken Sie Licht auf hell gestrichene Wände. Ist der Raum hingegen zu breit, dann lassen Sie Wände in einem dunkleren Farbton streichen und beleuchten vorwiegend die Produkte und nicht die Wände.[51]

Durch Lichtspiele, also indem Sie Licht und Schatten abwechseln, können Sie Ihre Kunden auch emotional beeinflussen. Beispielsweise haben sanftes, fließendes Licht und Zonen mit reduziertem Licht eine entspannende Wirkung auf Konsumenten.[52] Verschiedene Lichtzonen erleichtern den Kunden außerdem die Orientierung im Geschäft.

Beachten Sie bei der Erstellung eines Beleuchtungskonzepts, dass Licht immer mit Farben interagiert. Werden zum Beispiel rote Ladenelemente mit blauem Licht beleuchtet, so erscheinen sie violett. Ebenso erscheinen Farben unterschiedlich, wenn Tageslicht oder künstliches Licht eingesetzt wird. Bei der Farbauswahl sollte daher auf das vorgesehene Licht geachtet werden.

Farbe in den Laden bringen

Farben sind ein Teil unseres täglichen Lebens. So sehr, dass wir uns meist gar nicht bewusst sind, was wir mit ihnen verbinden und wie sie uns beeinflussen. Dabei können Farben ganz erstaunliche Effekte auf die menschliche Psyche haben. Das wahrscheinlich bekannteste Beispiel ist das sogenannte Baker-Miller-Pink, ein kaugummifarbiger rosa Farbton. In den späten 1970er-Jahren ließ der Psychologe Alexander Schauss die Einzelzellen eines Militärgefängnisses rosa ausmalen und fand heraus, dass selbst äußerst aggressive Gefangene nach nur kurzer Zeit in der rosaroten Umgebung wesentlich friedfertiger waren.[53] Auch in anderen Umgebungen wirkte sich Baker-Miller-Pink (benannt nach den Gefängnisleitern, Herrn Baker und Herrn Miller) auf das Verhalten aus: Rosa gestrichene Sitze in Autobussen wurden seltener vandalisiert, Zahnärzte und Psychiater strichen ihre Wände rosa, um ihre Patienten zu beruhigen, und sogar in Fußballstadien wurde versucht, die Umkleideräume der gegnerischen Mannschaft in Rosa zu halten, um die Rivalen zu schwächen. Nicht alle Anwendungen waren gleichermaßen erfolgreich, aber der grundsätzliche Effekt des Baker-Miller-Pink auf das Verhalten wurde bestätigt.[54]

In der Ladengestaltung haben Farben drei grundsätzliche Anwendungsgebiete:
1. Farben dienen zur Positionierung und Differenzierung des Geschäfts von der Konkurrenz.
2. Farben ermöglichen es, kulturell bedingte Assoziationen auf den Laden zu übertragen.
3. Farben wirken sich auf Emotionen und Verhalten der Kunden aus.

Farben erlauben es dem Handel und Dienstleistungsbetrieben, sich von der Konkurrenz abzuheben. Dies ist dann möglich, wenn aufgrund eines längerfristigen, konsistenten Farbeinsatzes im Laden (und in der Marketingkommunikation) Konsumenten eine bestimmte Farbe mit einem bestimmten Unternehmen in Verbindung bringen. Dies ist etwa bei Apple der Fall, da Apple-Stores durchgehend in Weiß gehalten sind. Ein anderes Beispiel ist Starbucks, in dessen Kaffeebars dunkelgrüne und braune Farbtöne verwendet werden.

Bestimmte Farben rufen bei Konsumenten bestimmte Assoziationen hervor. Durch gezielten Farbeinsatz können diese Assoziationen (z.B. Unschuld, Sauberkeit, Eleganz für die Farbe Weiß) auf den Laden übertragen werden. Einen Überblick über die Assoziationen häufig verwendeter Farben gibt Tabelle 5.3. Sie kann Ihnen als Ausgangspunkt für die Farbwahl in Ihrem Geschäft dienen. Beachten Sie jedoch, dass Farbassoziationen sehr stark kulturell beeinflusst sind. Die in der Tabelle angeführten Assoziationen beziehen sich auf westliche Kulturen (d.h. Nordamerika und Europa), wenngleich auch hier bereits länderspezifische Unterschiede auftreten können. In anderen Teilen der Welt weichen die Assoziationen hingegen deutlich ab. Außerdem treten auch zielgruppenspezifische Unterschiede (z.B. bei Männern und Frauen oder Konsumenten unterschiedlichen Alters) auf.

Farbe	Assoziationen
Weiß	Reinheit, Sauberkeit, Eleganz, Kälte, vorwiegend positive Assoziationen
Schwarz	Relativ viele negative Assoziationen wie Trauer oder Unglücklichsein, aber auch Eleganz, hohe Qualität, Macht, Souveränität
Gelb	Heiterkeit, Frische, Vitalität, eine warme und komfortable Atmosphäre
Grün	Natur, Hoffnung, Ruhe, Entspannung, Frische, Gesundheit, Freiheit
Blau	Ruhe, Attraktivität, Sicherheit, Harmonie, Freundschaft, Hilfsbereitschaft, Sicherheit, Komfort, Autorität
Rot	Aufregung, positive (Liebe und Leidenschaft) oder negative (Zorn) Stimulation, Vitalität, Aktivität, Neuartigkeit, aber auch Aggression und Stärke
Orange	Macht, Erschwinglichkeit, Ungezwungenheit
Braun	Stabilität, Sicherheit, Alltäglichkeit, Häuslichkeit, Holz, Bäume, Erde
Gold	Eleganz, Exklusivität, Macht, Wohlstand
Silber	Weiblichkeit, Kälte, Unzugänglichkeit, Feierlichkeit, Einfachheit, Distanz

Tab. 5.3. Farbassoziationen
Quellen: Wexner (1954); Angermann (1989); Kanner (1989)

Abgesehen von den kulturgebundenen Assoziationen führen Farben, wie wir am Beispiel des Baker-Miller-Pink gesehen haben, auch zu automatischen biologischen Reaktionen. Im Gegensatz zu den kulturabhängigen Farbassoziationen unterscheiden sich Menschen nur geringfügig in ihren biologischen Farbreaktionen.[55]

Um die Farbwirkung auf das Konsumentenverhalten zu untersuchen, müssen wir uns zwei Fragen stellen: Welche Farbe und welcher Effekt? So wie die anderen atmosphärischen Faktoren, mit denen wir uns bisher beschäftigt haben, haben auch Farben einen zweifachen Effekt. Sie beeinflussen sowohl das Vergnügen als auch die Aktivierung der Kunden:

1. *Vergnügen.* Das Vergnügen hängt im Wesentlichen von unseren Farbpräferenzen ab, also wie gut uns bestimmte Farben gefallen.
2. *Aktivierung.* Manche Farben (z.B. Rot) erhöhen das Aktivierungsniveau der Konsumenten, während andere Farben (z.B. Rosa oder Blau) es senken.

Ob den Konsumenten die verwendeten Farben gefallen, ist im Wesentlichen unabhängig davon, ob die Farben eine aktivierende oder deaktivierende Wirkung haben.[56] Wenn wir uns die Farbwirkung ansehen, ist es daher notwendig, klar zwischen der psychobiologischen Reaktion (Aktivierung) und dem Gefallen und Vergnügen zu unterscheiden.

Schaffen Sie Ruhe oder Spannung

Farben lassen sich nach der Wellenlänge einteilen, mit Violett am einen Ende des Spektrums und Rot am anderen (siehe Abb. 5.8). Blaue Farbtöne, die als kalte Farben bezeichnet werden, liegen am kurzwelligen Ende des für das menschliche Auge sichtbaren Spektrums, Rottöne hingegen sind langwellig und werden als warme Farben empfunden.[57]

Abb. 5.8. Das Farbspektrum

Im Allgemeinen schaffen warme Farben Schwung und Aufregung im Laden, kühle Farben wirken hingegen beruhigend (das Baker-Miller-Pink scheint die Ausnahme von der Regel zu sein). Allerdings ist nicht nur die Auswahl der grundsätzlichen Farbe, sondern auch der genaue Farbton relevant. Leuchtende Farben werden oft als attraktiv empfunden, dumpfe Farben hingegen eher als unangenehm.[58]

Seien Sie vorsichtig bei der Auswahl des generellen Farbtons im Laden

Worauf ist zu achten, wenn Sie den generellen Farbton für ein Geschäft wählen? Eine allgemeingültige Empfehlung ist nicht möglich. Ein Aspekt, mit dem sich die Konsumentenforschung jedoch genauer beschäftigt hat, ist die unterschiedliche Reaktion von Kunden auf die Farben Blau und Rot. Alles in allem werden in blauen Farbtönen gehaltene Geschäfte deutlich besser beurteilt als rote Läden.[59] Zwar bringt auch Rot Vorteile, da es als die am stärksten aktivierende Farbe Impulskäufe auslösen kann.[60] Alles in allem präferieren Kunden jedoch blaue Verkaufsräume, und die Effekte der Farbe Blau auf das Kaufverhalten sind, wie aus Tab. 5.4 ersichtlich, ebenfalls positiver als die Reaktionen auf die Farbe Rot. Dazu kommt auch noch, dass Blau die Lieblingsfarbe vieler Konsumenten ist.

Blauer Verkaufsraum	Roter Verkaufsraum
Bessere Bewertung des Ladens	Schlechtere Bewertung des Ladens
Höherer Wahrscheinlichkeit, im Laden einzukaufen	Geringere Freude beim Einkaufen und geringere Zufriedenheit mit den Preisen
Höhere Kaufwahrscheinlichkeit	Geringere Kaufwahrscheinlichkeit und geringere Wahrscheinlichkeit, im Laden einzukaufen
Weniger Impulskäufe	Mehr Impulskäufe

Tab. 5.4. Unterschiedliche Auswirkungen von blauen und roten Verkaufsräumen

Erhöhen Sie die Anzahl der Impulskäufe

In vielen Verkaufssituationen ist der Einsatz von kurzwelligen Farben empfehlenswert. Allerdings gibt es auch Situationen, in denen die Farbe Rot zu mehr Käufen führt. Vor allem hat sich auch gezeigt, dass in roten Verkaufsumgebungen präsentierte Waren als moderner empfunden werden. Rote Warenpräsentationen empfehlen sich also, wenn Sie die Wahrscheinlichkeit von Impulskäufen erhöhen möchten und wenn Sie modische Produkte anbieten.

Entspannen Sie Ihre Kunden

Im Gegensatz zu Rot sollten Sie Grün vermeiden, wenn Sie Impulskäufe auslösen möchten. Grün ist hingegen eine passende Farbe für Situationen, in denen ein geringeres Aktivierungsniveau vorteilhaft ist, zum Beispiel in Warteschlangen vor den Kassen oder vor einem Schalter. Wenn Ihr hauptsächliches Bestreben darin liegt, die Einstellung der Kunden gegenüber Ihrem Unternehmen positiv zu beeinflussen und eine angenehme Atmosphäre zu schaffen, anstatt Maßnahmen zur Verkaufsförderung zu setzen, dann sind kurzwellige Farben (z.B. Blau) vorteilhaft. Beispiele dafür sind etwa exklusive Restaurants oder gehobene Juweliere.[61]

Farben sind eine hervorragende Möglichkeit, das Kaufverhalten zu beeinflussen. Allerdings sollten sie mit Bedacht und in Maßen eingesetzt werden, damit sie nicht zur Reizüberflutung führen. Vor allem müssen Farben immer in Kombination mit anderen Elementen im Laden gesehen werden. Auf diese Kombination von Stimuli werden wir etwas später nochmals zurückkommen.

Crowding: Geben Sie Ihren Kunden genug Platz

Zusätzlich zu all den anderen Aspekten, die wir bisher behandelt haben, gibt es noch einen weiteren Faktor, der die Atmosphäre im Laden beeinflusst: das Crowding. Unter Crowding versteht man den psychologischen Stress, der auftritt, wenn der Platzbedarf einer Person größer als das wahrgenommene Platzangebot ist. Gründe dafür können sein, dass das Geschäft einfach zu klein ist, dass der Konsument unter Ängsten leidet oder weil sich zu viele Personen im Laden aufhalten.

Die Dichte von Personen im Laden (also wie viele Personen sich im Geschäft aufhalten) ist eine wesentliche Determinante des Crowding. Allerdings führt eine hohe Dichte nicht automatisch dazu, dass Konsumenten das Geschäft als überfüllt wahrnehmen. So wie alle anderen atmosphärischen Reize kann eine hohe Dichte positiv oder negativ interpretiert werden. Würden Sie gerne in einem Restaurant speisen, in dem sich keine anderen Gäste aufhalten? In diesem Fall wird sich die Abwesenheit anderer Gäste vermutlich negativ auf die Qualitätswahrnehmung des Restaurants auswirken. Im Fall von Crowding wirkt sich hingegen die subjektiv als zu hoch wahrgenommene Dichte negativ aus. Waren Sie schon einmal in der Situation, dass Sie ein Geschäft kurz nach dem Betreten schon wieder verlassen wollten, weil sich so viele Menschen im Laden aufhielten, dass Sie sich klaustrophobisch fühlten? Eine als zu hoch wahrgenommene Dichte im Laden hat, wie Forschungsergebnisse zeigen, viele negative Auswirkungen:

- Die Kundenzufriedenheit sinkt.[62]
- Kunden möchten den Laden bald wieder verlassen.
- Kunden stöbern weniger im Sortiment.
- Der Kontakt mit dem Verkaufspersonal nimmt ab.[63]

Zusätzlich hat sich gezeigt, dass die Kunden sogar mit den Produkten weniger zufrieden waren, wenn sie diese in einem überfüllten Laden gekauft hatten.[64]

Crowding im Geschäftslokal sollte also definitiv vermieden werden. Hier sind einige Vorschläge, wie Sie das Risiko, dass Crowding auftritt, verringern können:

- *Ausreichend Platz für stark frequentierte Ladenbereiche.* Konsumenten können einen Laden als überfüllt empfinden, selbst wenn die objektiv feststellbare Dichte eher gering ist. Was als überfüllt empfunden wird, variiert von Person zu Person. Aus diesem Grund sollten Sie vor allem in stark frequentierten Bereichen genug Platz vorsehen. Zu diesen Zonen zählen der Eingangsbereich, die Kassenzone, Informationsstände sowie Gänge, in denen stark nachgefragte Produkte zu finden sind.
- *Breite Gänge.* Breite Gänge sind wichtig, um Crowding zu vermeiden, vor allem in Läden, in denen Einkaufwägen benutzt werden. Die Gänge sollten allerdings nicht nur breit genug für Einkaufswägen sein, sondern auch für Kinderwägen und Rollstühle genug Platz bieten.

- *Klar strukturiertes Layout.* Desorientierte Konsumenten im Geschäft können auch andere Kunden beim Einkauf behindern, die sich schneller im Laden bewegen möchten. Ein klares Geschäftslayout führt zu einem besseren Kundenfluss und vermeidet menschliche Barrieren.
- *Langsame Musik.* Wenn sich viele Menschen im Verkaufslokal aufhalten, steigert dies die Aktivierung, Überaktivierung kann zu Panik führen. Durch langsame Musik kann dem bis zu einem gewissen Grad entgegengewirkt werden und so das wahrgenommene Crowding reduziert werden.

Kongruenz: Alle Reize sollten zueinanderpassen

Wir haben uns mit verschiedenen Elemente der Ladenatmosphäre beschäftigt: Musik, Licht, Farben, Düften und Crowding. Vielleicht fragen Sie sich an dieser Stelle, welcher Faktor der wichtigste ist? Die Antwort darauf ist, dass es nicht ein einzelnes Element, sondern vielmehr das Zusammenspiel aller Faktoren ist, das eine gelungene Ladenatmosphäre ausmacht. Das „Zauberwort" heißt Kongruenz.

Es gibt drei Arten von Kongruenz:
1. *Atmosphärische Elemente müssen zu den Produkten passen.* Nehmen wir an, Sie möchten Düfte einsetzen, um eine angenehme Ladenatmosphäre zu schaffen. Dabei spielt Kongruenz eine wichtige Rolle. Wenn zum Beispiel ein auf Schokolade spezialisiertes Geschäft beduftet werden soll, bietet sich ein Schokoladeduft an. Zu einem Blumengeschäft passt ein Blumenduft. In einem Schuhgeschäft könnte ein leichter Ledergeruch verströmt werden. Werden kongruente Düfte eingesetzt, dann sind Kunden eher bereit, neue Produkte oder Waren auszuprobieren.[65] Außerdem lässt sich durch kongruente Gerüche die Stimmung der Kunden verbessern, was sich wiederum positiv auf den Umsatz auswirken kann.[66]
2. *Atmosphärische Elemente müssen zueinanderpassen.* Düfte und auch die anderen atmosphärischen Umweltreize (Farbe, Licht, Musik) sollten nicht nur zum Sortiment passen, sondern auch aufeinander abgestimmt sein, um eine kohärente Ladenatmosphäre zu schaffen und damit das Konsumentenverhalten positiv zu beeinflussen. Wenn etwa Musik und Duft im Laden hinsichtlich ihres Aktivierungspotenzials zueinanderpassen, wirkt sich das positiv auf Impulskäufe, die Kundenzufriedenheit und generell das Annäherungsverhalten aus.[67] Zum Beispiel könnten Sie einen Lavendelduft mit langsamer Musik kombinieren, um eine entspannende Atmosphäre zu schaffen. Durch sanftes Licht zusammen mit dunklen Farben kann hingegen eine elegante Atmosphäre im Laden kreiert werden. Im Gegensatz dazu wird durch helles Neonlicht und warme Farben ein Niedrigpreisimage geschaffen.[68]
3. *Atmosphärische Elemente müssen zum generellen Ladenkonzept passen.* In einem Spezialgeschäft, das junge, urbane Konsumenten als Zielgruppe

ansprechen möchte, könnten angenehme, aber unkonventionelle Düfte und Rap-Musik einsetzt werden, um die Kundschaft anzuziehen.[69] Abgesehen von der Zielgruppe sollten auch die Kaufmotive der Kunden berücksichtigt werden. Bietet das Geschäft vorwiegend funktionale Produkte an oder eher hedonische Produkte, bei denen der Einkauf Spaß macht? Der Einkauf von Grundnahrungsmitteln im Diskontmarkt hat vorwiegend funktionalen Charakter, der Besuch einer exklusiven Modeboutique ist für viele Konsumenten hingegen ein hedonischer Kaufakt. Es ist natürlich einfacher, durch atmosphärische Elemente eine positive Stimmung zu schaffen, wenn die Kunden den Laden bereits mit dem Vorhaben betreten, beim Einkauf Vergnügen zu haben, als wenn sie einen reinen Versorgungskauf tätigen und für atmosphärische Umweltreize weniger empfänglich sind.[70] Dennoch sollte auch in Geschäften, in denen vorwiegend funktionale Käufe erfolgen, nicht auf die bewusste Gestaltung der Ladenatmosphäre durch aufeinander abgestimmte Umweltreize verzichtet werden. Schließlich kann die Atmosphäre ja auch kommunizieren, dass das Einkaufen in einem Geschäft unkompliziert, schnell und preisgünstig ist.

Abb. 5.9 liefert ein Beispiel, wie verschiedene atmosphärische Umweltreize aufeinander abgestimmt werden können, um in einem exklusiven Modegeschäft die passende Atmosphäre zu schaffen.

Abb. 5.9. Kongruente Aspekte der Ladenatmosphäre in einem exklusiven Modegeschäft

Das Wichtigste in Kürze

Hier sind die wichtigsten Erkenntnisse aus diesem Kapitel:

- Die Ladenatmosphäre kann dazu eingesetzt werden, um die Stimmung der Konsumenten positiv zu beeinflussen. Glückliche Konsumenten bleiben länger im Geschäft, geben mehr Geld aus und sind zufriedener mit dem Einkaufserlebnis.
- Umweltreize können danach klassifiziert werden, wie aktivierend sie sind und wie viel Vergnügen sie bereiten. Aktivierung (Erregung) bezieht sich auf die Stimulierung des Konsumenten, Vergnügen darauf, wie wohl sich der Kunde fühlt. Das Ziel sollte sein, dass der Kunde beim Einkauf Freude hat und ein optimales Aktivierungsniveau erreicht wird.
- Langsame Musik reduziert die Aktivierung und trägt dazu bei, dass Konsumenten mehr Zeit im Geschäft verbringen. Schnelle und laute Musik wird zwar als spannend und erregend empfunden, kann aber auch dazu führen, dass die Kunden den Laden früher verlassen.
- Ein besonderer, angenehmer Duft kann helfen, Ihr Geschäft zu positionieren und von der Konkurrenz abzuheben.
- Raumdüfte sollten nicht nur angenehm sein, sondern auch zum Geschäft und Sortiment passen.
- Setzen Sie einfache Raumdüfte anstatt komplexer Duftkompositionen ein. Diese sind vom Gehirn einfacher zu verarbeiten, was sich in weiterer Folge positiv auf das Konsumentenverhalten auswirkt.
- Die passende Beleuchtung lenkt die Aufmerksamkeit auf Produkte, beeinflusst das Aktivierungsniveau der Konsumenten und hilft Kunden bei der Orientierung im Laden. Stärkere Beleuchtung führt zu mehr Produktkontakten und mehr Impulskäufen. Sie fördert auch die Ehrlichkeit von Konsumenten und hilft somit, Ladendiebstähle zu reduzieren.
- Konsumenten ziehen natürliches Tageslicht künstlicher Beleuchtung vor, da sie Tageslicht mit der Natur assoziieren.
- Farben müssen zum generellen Image des Geschäfts passen. Rot zieht die Aufmerksamkeit auf sich und erregt die Konsumenten, Grün, Blau und Rosa entspannen sie hingegen. Wenn Sie Farben für Ihr Geschäft auswählen, sollten Sie sowohl die kulturgebundenen Farbassoziationen als auch die biologischen Reaktionen, die durch Farben hervorgerufen werden, beachten.
- Vermeiden Sie Crowding wo immer möglich und verwenden Sie dazu passende Techniken der Ladengestaltung.
- Das Kaufverhalten kann am effektivsten beeinflusst werden, wenn Sie kongruente Umweltreize einsetzen: Alle Reize müssen aufeinander abgestimmt sein und zum Sortiment sowie dem generellen Ladenkonzept passen.

Kapitel 6

Erlebnisorientierte Ladengestaltung
Machen Sie das Einkaufen zum Vergnügen

Lassen Sie uns dieses Kapitel in einem riesigen Geschäft beginnen. Dieser Laden ist viel größer als jedes andere Geschäft, das Sie je gesehen haben, und bietet über 400 Millionen verschiedene Produkte an. Bücher, Filme, Computer, Elektrogeräte, Spielzeug, Werkzeug, Möbel, Schmuck. Was immer Sie wollen – Sie werden es wahrscheinlich im Sortiment finden. Dieses Geschäft bietet nicht nur eine enorme Produktauswahl an, es ist auch das ganze Jahr über 24 Stunden am Tag geöffnet. Außerdem sind die Preise meist recht günstig, es gibt keine Probleme mit dem Parken, und die Kunden erhalten personalisiert Kaufempfehlungen, die auf ihren früheren Einkäufen basieren. Als ob das noch nicht genug wäre, die anderen Kunden im Geschäft helfen Ihnen oft gerne bei der Auswahl von Produkten, indem sie auf deren Vor- und Nachteile hinweisen. Würden Sie als Händler gerne mit diesem Geschäft konkurrieren? Nun, sein Name ist Amazon. Amazon ist zwar der Markführer im Internethandel, aber mittlerweile gibt es zahlreiche andere Internethändler mit vergleichbaren kompetitiven Vorteilen. Sie alle stellen für den stationären Handel eine ernste Herausforderung dar.

Um mit dem Onlinehandel konkurrieren zu können, müssen sich stationäre Geschäfte auf ihre Vorteile gegenüber dem virtuellen Handel konzentrieren und sich auf die Leistungen, die besser vor Ort als im Internet erbracht werden können, konzentrieren:

- Manche Händler, so wie zum Beispiel Convenience-Stores, die Güter des täglichen Bedarfs führen, sind in der Nähe ihrer Kunden angesiedelt und somit jederzeit schnell und problemlos erreichbar.
- Andere Geschäfte bieten stark personalisierte Dienstleistungen an, die Onlinehändler aufgrund der räumlichen Distanz zum Kunden nicht erbringen können.
- Wiederum andere stationäre Händler sind aufgrund ihrer Netzwerke innerhalb der lokalen Bevölkerung erfolgreich.

Es bietet sich für den stationären Handel jedoch auch noch eine andere Chance, mit dem Onlinehandel zu konkurrieren. Für den Onlinehandel ist es schwer, diese Strategie umzusetzen, und außerdem bietet sie Ihnen auch einen Wettbewerbsvorteil gegenüber anderen stationären Läden. Wir sprechen von der erlebnisorientierten Ladengestaltung.

Im Erlebnismarketing geht es darum, für die Konsumenten einzigartige, unvergessliche Erlebnisse zu schaffen, und die erlebnisorientierte Ladengestaltung trägt einen wesentlichen Teil zur Erreichung dieses Ziels bei. Immer mehr Händler werden sich bewusst, dass sie das Einkaufserlebnis im Laden aktiv gestalten müssen, und die Ladengestaltung spielt bei diesem „Customer Experience Management" eine wichtige Rolle.[1]

Das „Customer Experience Management" umfasst alle möglichen Kontaktpunkte des Kunden mit dem Unternehmen. Dazu zählen zum Beispiel die Werbung, Events, die Verpackung, die Warteschleife am Telefon, die Website des Unternehmens und natürlich der Laden bzw. die Dienstleistungsumgebung.[2] Die Ladengestaltung ist nur ein solcher Kontaktpunkt. Selbst im Geschäft gibt es noch andere Faktoren wie das Verkaufspersonal, die einen wichtigen Beitrag zur Schaffung eines unverwechselbaren, positiven Einkaufserlebnisses leisten. Dennoch kommt gerade der Ladengestaltung aufgrund der Unmittelbarkeit der Ladenumgebung eine besondere Rolle im Erlebnismarketing zu. Der Empfänger einer Werbebotschaft, zum Beispiel ein Konsument, der einen Werbespot ansieht, ist ein passiver Zuschauer, und auch der Besucher einer Website kann nicht physisch in den Cyberspace eintreten. Der Kunde im Laden befindet sich hingegen inmitten einer realen, dreidimensionalen Umgebung. Diese Umgebung kann er sehen, berühren, riechen, hören und vielleicht sogar schmecken. Es sind diese direkten Sinneseindrücke, die das Einkaufserlebnis zum Leben erwecken und die bedingen, dass der Ladengestaltung eine unverzichtbare Rolle im Erlebnismarketing zukommt.

Schaffen Sie Einkaufserlebnisse für hedonische Käufer

Sie haben bereits erfahren, wie atmosphärische Faktoren wie Musik, Farben oder Düfte die Emotionen und Stimmungen von Konsumenten beeinflussen. Zum Beispiel kann durch fröhliche Musik – sofern sie zum Geschäft passt – die Stimmung der Kunden verbessert werden. Indem Sie einen Laden farblich entsprechend gestalten, zum Beispiel in Blau, können Sie die Kunden entspannen und zum Stöbern im Sortiment anregen.[3] Der passende Einsatz emotionaler Reize, so wie in diesen Beispielen, ist für den Handel sicher von Vorteil, aber die erlebnisorientierte Ladengestaltung geht darüber hinaus. Ihr Ziel ist es, eine Reihe kognitiver und emotionaler Reize so zu kombinieren, dass für die Kunden ein unverwechselbares Einkaufserlebnis entsteht. Aus diesem Grund wird etwa in Geschäften der exklusiven Kaufhauskette Nordstrom nicht einfach nur angenehme Musik gespielt. Vielmehr steht in den meisten Geschäften an prominenter Stelle ein Konzertflügel, auf dem zu bestimmten Zeiten elegant gekleidete Pianisten spielen, um die Kunden zu unterhalten und dem Geschäft einen besonderen Flair zu verleihen, den es in anderen Kaufhäusern so nicht gibt. Während in fast allen Kaufhäusern Hintergrundmusik gespielt wird, kann man die möglicherweise gleiche Musik auf diese Weise nur bei Nordstrom erleben (siehe Abb. 6.1).

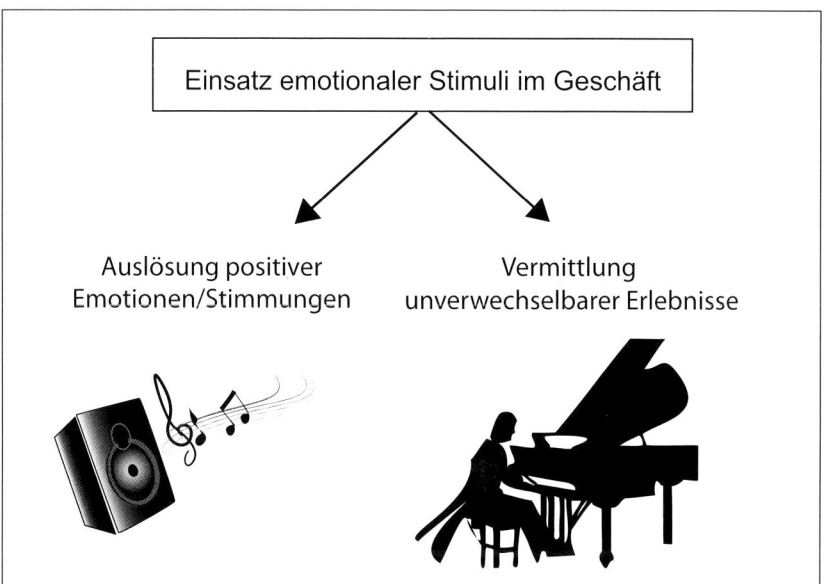

Abb. 6.1. Auslösung positiver Emotionen vs. Schaffung von Erlebnissen

Die heutigen Konsumenten gehen nicht nur einkaufen, um Produkte zu besorgen. Sie möchten beim Einkauf auch Spaß haben. Dieses Phänomen wird von Konsumentenforschern und Handelsexperten „hedonisches Kaufverhalten" genannt. Natürlich ist nicht jeder Einkauf hedonisch. Wenn Sie Kaffee für Ihr Frühstück benötigen und deshalb auf dem Weg nach Hause noch schnell bei einem Tankstellenshop Halt machen, erwarten Sie sich wahrscheinlich nicht, in diesem Geschäft beim Einkauf unterhalten zu werden. Vielmehr wird ihr Einkauf vorwiegend rational und funktional ablaufen, ein klarer Fall von utilitaristischem Einkaufen.[4] Dennoch erwarten sich Konsumenten häufig beim Einkaufen auch Spaß, Unterhaltung, Fantasie und Vergnügen (siehe Abb. 6.2).[5] Diese Erwartungen stellen für den Handel eine große Chance dar. Geschäfte, die die hedonischen Einkaufsmotive der heutigen Konsumenten ansprechen, können ein Geschäft sowohl von stationären als auch online agierenden Mitbewerbern abheben. Außerdem lassen sich durch die Abstimmung des Ladens auf hedonische Kaufmotive sowohl die im Geschäft verbrachte Zeit als auch die Anzahl der Käufe erhöhen.[6]

Es gibt jedoch nicht nur eine Art des hedonischen Kaufverhaltens. Insgesamt lassen sich sechs verschiedene hedonische Kaufmotive unterscheiden:[7]
1. Adventure-Shopping (beim Einkaufen ein „Abenteuer" erleben)
2. Social Shopping (beim Einkaufen gemeinsam mit anderen Spaß haben)
3. Gratification-Shopping (sich beim Einkaufen etwas gönnen)
4. Idea-Shopping (beim Einkaufen Trends und Produkte kennenlernen)
5. Role-Shopping (Geschenke für andere einkaufen)
6. Value-Shopping (beim Einkaufen ein Schnäppchen schlagen)

Abb. 6.2.   Manche Geschäfte sind auf hedonische Käufer ausgerichtet (links), andere hingegen wenden sich an utilitaristische Käufer (rechts)

Diese hedonischen Kaufmotive schließen einander natürlich gegenseitig nicht aus. Eine hedonische Käuferin nimmt vielleicht ihr Mittagessen im Rainforest Café zu sich, einem wie ein Urwald gestaltetes Themenrestaurant (Adventure-Shopping), hat danach Freude daran, Geburtstagsgeschenke für ihre Enkelkinder auszuwählen (Role-Shopping) und macht sich anschließend auf die Schnäppchenjagd und kauft sich einen sehr günstigen, aber modischen Schal in einem Outlet-Center (Value-Shopping). Und wie unsere Forschungsergebnisse zeigen, sind nicht nur Frauen hedonische Käufer. Zwar gibt es Unterschiede zwischen den Geschlechtern, bei welchen Produkten das Einkaufen Spaß macht (denken Sie an Modeaccessoires vs. Elektronik), aber Männer können grundsätzlich genau so viel Vergnügen beim Einkaufen haben wie Frauen.

Betrachten wir die verschiedenen hedonischen Kaufmotive und Käufer etwas genauer und sehen wir uns an, wie die Ladengestaltung eingesetzt werden kann, um unverwechselbare Erlebnisse für jede dieser sehr unterschiedlichen Käufergruppen zu schaffen.

Adventure-Shoppers

Adventure-Shoppers wollen während des Einkaufs stimuliert werden. Wenn sie in den Laden eintreten, möchten sie einen besonderen, spannenden Ort, an dem es viele interessante Sinneseindrücke gibt, vorfinden. Wenn man sieht, wie viele Unternehmen in den letzten Jahren versucht haben, Angebote für Adventure-Shoppers zu erstellen, wird deutlich, dass diesem Marktsegment unter den hedonischen Käufern sowohl im Handel als auch in Dienstleistungsbetrieben die meiste Aufmerksamkeit geschenkt wurde. Die Pioniere des Erlebnismarketings, Joseph Pine und James Gilmore, haben verschiedene Erlebniswelten identifiziert, von denen drei für

Adventure-Shoppers geeignet sind: ästhetische Erlebnisse, unterhaltsame Erlebnisse und eskapistische Erlebnisse.[8]

Bei ästhetischen Erlebnissen kommt es besonders auf die gekonnte Gestaltung des Ladens oder der Dienstleistungsumgebung an. Hier sind einige Beispiele dafür:

- Die Geschäfte der M&M World widmen sich allem, was mit M&M zu tun hat. Die Läden befinden sich in Touristendestinationen wie Orlando, Las Vegas, New York und London. Besucher sind von den vielen Sinneseindrücken beinahe überwältigt. Ein starker Schokoladegeruch liegt in der Luft. An den Wänden hängen riesige transparente Röhren, die mit M&Ms jeder nur erdenklichen Farbe und Sorte gefüllt sind. Lebensgroße M&M-Figuren wandern im Geschäft umher. Wenn Sie sich nicht sicher sind, für welche Sorte M&M Sie sich entscheiden sollen, hilft Ihnen der M&M-Farbstimmungsanalysator, ein Roboter, der Ihnen mitteilt, welche Sorte M&M für Sie im Moment perfekt passt.
- Dark Room ist ein an der Londoner Westside ansässiges Modegeschäft. Es wird seinem Namen gerecht, indem das aus ausgefallenen Kleidungsstücken und Wohnungsdekoration bestehende Sortiment auf tiefschwarzen Wänden präsentiert wird. Die Beleuchtung im Geschäft ist ausschließlich auf die Produkte gerichtet, was zu einer dramatischen und spannenden Atmosphäre führt.
- Die Hotels und Spielkasinos in Las Vegas ermöglichen es den Besuchern durch die Errichtung ausgefeilter Themenwelten, den Eiffelturm, die ägyptischen Pyramiden und den Markusplatz in Venedig alle am selben Tag zu besuchen. In den Forum Shops, einem thematisierten Einkaufszentrum, können die Kunden erleben, wie das antike Rom ausgesehen hätte, wäre es von den Kasinobetreibern erbaut worden.
- Sogar Autohändler finden immer wieder neue Wege, um ihre Kunden zu beeindrucken. Presseberichten zufolge hat ein Autohändler in Albany, New York „eine Autowaschanlage in einen kleinen Freizeitpark und Basar verwandelt, in dem es einen Diner, ein indonesisches Restaurant, ein Geschäft für kitschiges Autozubehör und eine Maniküre gibt".[9]

Ästhetische Erlebnisse sind häufig thematisiert. Das Theming, eine wichtige Designstrategie, wird etwas später in diesem Kapitel noch genauer behandelt.

Unterhaltsame Erlebnisse werden weniger durch die Ladenumwelt, sondern vielmehr durch Menschen (das Verkaufspersonal und professionelle Entertainer) geschaffen. Die Ladengestaltung kann unterhaltsame Aktivitäten jedoch unterstützen und einen festlichen, lustigen, eleganten oder unbeschwerten Rahmen für sie schaffen. Hier sind einige Beispiele für unterhaltsame Erlebnisse:

- In exklusiven Modegeschäften und Einkaufszentren werden oft saisonale Modeschauen aufgeführt.
- Der Auftritt von Prominenten schafft Aufregung und erhöht die Kundenfrequenz in Geschäften.

- Geschäfte engagieren Unterhaltungskünstler wie Zauberer, Origami-Künstler, Wahrsager und Karikaturisten, um ihre Kunden zu unterhalten.
- Live-Auftritte von Musikern finden entweder regelmäßig oder zu besonderen Anlässen statt.
- Feiertage und saisonale Events wie zum Beispiel Valentinstag, Halloween, Muttertag, Schulbeginn oder sogar der Geburtstag von Elvis Presley können als Aufhänger für unterhaltsame Aktivitäten im Geschäft dienen.[10]

Eskapistische Erlebnisse erlauben es den Konsumenten, für eine kurze Zeit dem Alltag zu entfliehen. Sie sind wahrscheinlich die intensivsten und eindringlichsten Erlebnisse für Adventure-Shoppers.

Ein perfektes eskapistisches Erlebnis wurde den Besuchern des Adventurer Clubs, eines Nachtklubs in Pleasure Island in Walt Disney World in Orlando, Florida, geboten. Der Adventurer Club war ein im Kolonialstil eingerichteter Klub, in dem sich die Gäste wie Weltreisende oder Entdecker fühlen konnten. Seine mit Holz vertäfelten Wände, Bibliothek, Statuen und exotischen Einrichtungsgegenstände transportierten Gäste in die idealisierten britischen Kolonien des angehenden 20. Jahrhunderts. Was den Adventurer Club jedoch von vielen anderen thematisierten Attraktionen unterschied, war die Interaktivität des Erlebnisses. Nach dem Eintreten in den Klub wurden die Gäste durch sprechende Masken an den Wänden einzeln begrüßt (und auch ein wenig gehänselt). In der Bibliothek, dem Schatzraum und dem Salon mischten sich die Stammgäste des Klubs, die Klubpräsidentin Pamela Perkins und der Pilot Hathaway Brown unter die Gäste und unterhielten sich mit ihnen oft lange Zeit angeregt über Themen wie die Luftfahrt und die Moskitoplage in den Kolonien. Der Klub hatte sogar seine eigenen Rituale und Traditionen wie zum Beispiel einen eigenen Gruß (Kungaloosh!) und eine Klubhymne. Der Adventurers Club wurde 2009 im Rahmen des Umbaus von Pleasure Island geschlossen. Eskapistische Erlebnisse lassen sich jedoch auch an anderen Schauplätzen finden:

- Nicht weit von Pleasure Island hat Disneys Mitbewerber Universal einen Harry-Potter-Themenpark eröffnet. Im Zentrum der Wizarding World of Harry Potter liegt ein ausgesprochen eskapistisches Einkaufszentrum, das dem magischen Dorf Hogsmeade nachempfunden wurde. Große und kleine Harry-Potter-Fans können dort Dinge wie Zauberstäbe (so wie in J. K. Rowlings Buch wählt nicht der Käufer den Zauberstab, sondern der Zauberstab den Käufer aus) und Butterbier kaufen, ein in den Harry-Potter-Büchern beschriebenes Gebräu, das speziell für den Themenpark produziert wird.
- Ein anderes Beispiel für ein erfolgreiches eskapistisches Erlebnis sind die American-Girl-Puppengeschäfte. In diesen Geschäften, die es in mehreren amerikanischen Städten gibt, können kleine Mädchen gemeinsam mit ihren Müttern ein ultimatives Puppenerlebnis erfahren (siehe Abb. 6.3). In den weitläufigen Geschäften gibt es eine Puppenboutique, einen Frisiersalon für Puppen, ein Theater, Partyräume, ein Puppenspital und

sogar ein Restaurant, in dem die Puppen auf kleinen Sesseln am gleichen Tisch wie ihre Besitzerinnen sitzen und von Miniaturtellern „essen".[11]

- Eine ganz andere Zielgruppe kann in Mark's Work Wearhouse ein auf sie zugeschnittenes eskapistisches Erlebnis erfahren. Kunden, die testen möchten, wie warm die Winterkleidung, die sie zu kaufen beabsichtigen, wirklich ist, können sie in einem begehbaren Kühlraum anprobieren. Der Tiefkühlraum, in dem normalerweise eine vergleichsweise angenehme Temperatur von 15° C herrscht, kann auf Wunsch besonders abenteuerlustiger Kunden auf brutale –40° C abgesenkt werden. Außerdem gibt es im Geschäft zahlreiche interaktive Displays, unter anderem verschiedene Oberflächen wie Dachziegeln und Beton, um Schuhe ausprobieren zu können.[12]

- Sogar alltägliche Dienstleistungen wie eine Stadtführung können in eskapistische Erlebnisse verwandelt werden. Das in New York ansässige Unternehmen „The Accomplice" bietet Stadtrundgänge an, bei denen die Gäste an einem ausgeklügelten Schauspiel teilnehmen, während sie die Stadt New York durchforsten und gleichzeitig ein Geheimnis lösen. Wie die Autoren nach dem Kauf lebender Frösche in Chinatown und dem Treffen mit zwielichtigen Gestalten in den Hinterzimmern von Spelunken in Little Italy bestätigen können, handelt es sich hierbei um ein ausgesprochen eindringliches Erlebnis.

Abb. 6.3. Eine junge Kundin hat ein ultimatives Puppenerlebnis in einem American-Girl-Geschäft

Social Shoppers

Social Shoppers sehen das Einkaufen als eine Gelegenheit zur sozialen Interaktion an. Sie haben Spaß dabei, gemeinsam mit Familienmitgliedern oder Freunden einkaufen zu gehen, und plaudern wahrscheinlich auch gerne mit dem Verkaufspersonal und anderen Kunden. Um den Bedürfnissen von Social Shoppers gerecht zu werden, müssen Händler Umgebungen schaffen, die soziale Interaktionen unterstützen. Ein Konzept, das ihnen dabei helfen kann, ist der sogenannte dritte Ort. Der Begriff „dritter Ort" wurde von dem Soziologen Ray Oldenburg geprägt. In seinem Buch *The Great Good Place* beklagt er, dass es in der heutigen Gesellschaft zu wenige informelle Treffpunkte gäbe:

> Die Beispiele aus Gesellschaften, die das Platzproblem gelöst haben, und jene der kleinen Orte und lebendigen Vierteln vergangener Zeiten legen nahe, dass für ein entspanntes und erfülltes tägliches Leben drei Bereiche notwendig sind. Einer ist die häusliche Umgebung, der zweite unsere Arbeitsstätte und der dritte ein sozialer Ort des gemeinschaftlichen Zusammentreffens … In den neueren amerikanischen Gemeinden gibt es weder viele noch besonders herausragende dritte Orte. In einer urbanen Landschaft, die sich zunehmend abweisend und ohne informelle Treffpunkte präsentiert trifft man auf Menschen, die verzweifelt nach Plätzen suchen, an den sie sich entspannen und die Gesellschaft anderer Menschen finden können.[13]

Oldenburg zufolge sind dritte Orte informelle Begegnungsstätten, in denen Menschen sich treffen. Das Konzept des dritten Orts wurde von Starbucks erfolgreich umgesetzt. Das Unternehmen designt seine Lokale sehr sorgfältig, um eine komfortable, entspannende und leicht gehobene Atmosphäre zu schaffen, die Kunden dazu einlädt, zu verweilen und miteinander zu kommunizieren.[14] Während Starbucks-Cafés darauf spezialisiert sind, dritte Orte zu sein, kann dieses Konzept auch in anderen Umgebungen erfolgreich implementiert werden:

- In Einkaufszentren können komfortable Bereiche geschaffen werden, in den sich die Kunden treffen, miteinander plaudern und entspannen können, bevor sie weiter in den Geschäften einkaufen gehen (siehe Abb. 6.4).
- Sowohl in Einkaufszentren als auch in großen Läden können speziell gekennzeichnete Treffpunkte eingerichtet werden, die es Familien und anderen Kunden erleichtern, einander wiederzufinden.
- Spielplätze in Einkaufszentren und Geschäften bieten sowohl Kindern als auch ihren Eltern die Gelegenheit, mit anderen Kunden ins Gespräch zu kommen.

Abb. 6.4. Das Einkaufszentrum als dritter Ort

- Größere Buchgeschäfte wie Barnes & Noble, Books-A-Million oder im deutschen Sprachraum Thalia beherbergen fast immer auch ein Café. In manchen Gegenden sind diese Geschäfte zu Treffpunkten für Schüler und Studenten geworden, um gemeinsam ihre Hausübungen zu erledigen, Pensionisten treffen sich hier zum Kaffeetratsch, und junge Singles sehen sie als perfekten Platz für Flirts (siehe Abb. 6.5).

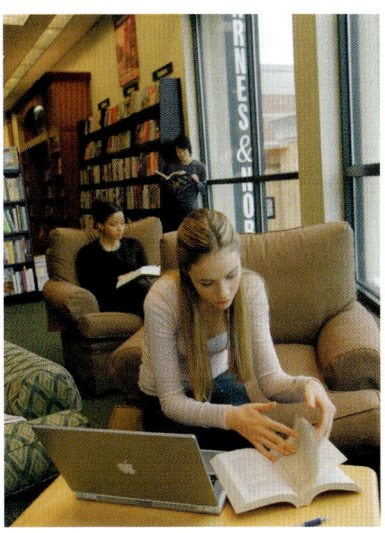

Abb. 6.5. Buchgeschäfte richten Cafés und
Entspannungszonen für ihre Kunden ein

Wenn Sie Ihr Angebot auf Social Shoppers ausrichten, sollten Sie auch die Bedürfnisse der die Kunden begleitenden Familienmitglieder oder Freunde berücksichtigen. Grundsätzlich ist es positiv, wenn Kunden begleitet werden, anstatt alleine einzukaufen. Forschungsergebnisse zeigen nämlich, dass Konsumenten, die gemeinsam mit anderen Personen einkaufen gehen, mehr Ladenbereiche betreten und auch mehr kaufen.[15] Allerdings gibt es auch Situationen, in denen Begleitpersonen, insbesondere Familienmitglieder, das Einkauferlebnis der Kunden verschlechtern können.[16] In diesem Fall sollte der Handel Maßnahmen ergreifen und Techniken der Ladengestaltung einsetzen, die Abhilfe schaffen. Als Beispiel dafür kann eine Beobachtungsstudie dienen, die wir für einen unserer Klienten durchführten. Wir fanden dabei heraus, dass in Modegeschäften Kundinnen die Kleidungsstücke, die sie in der Umkleidekabine anprobiert hatten, mit größerer Wahrscheinlichkeit kauften, wenn für ihre männlichen Begleiter während des Wartens auf ihre Frau oder Freundin eine bequeme Sitzgelegenheit und Lesematerial zur Verfügung gestellt wurden. Der bequeme Sitzplatz und die Unterhaltung durch auf sie ausgerichtete Zeitschriften hielten die Männer bei Laune, was in weiterer Folge zu einer entspannteren Einkaufssituation für die Frauen führte. Es macht auch Sinn, Modeaccessoires für Männer wie zum Beispiel Krawatten in der Nähe der weiblichen Umkleidekabinen auszustellen. Die weiblichen Social Shoppers werden dann beim Einkaufen weniger durch ihre Begleiter gestört, und für das Geschäft können zusätzliche Einnahmen entstehen, wenn die Einkaufsbegleiter während des Wartens zu ungeplanten Käufen angeregt werden können.

Gratification-Shoppers

Gratification-Shoppers gehen einkaufen, um sich etwas Besonderes zu gönnen. Bei dieser Form des hedonischen Einkaufens geht es den Konsumenten darum, sich zu entspannen, nach einem anstrengenden Tag Stress abzubauen oder durch einen Einkaufsbummel ihre Stimmung zu verbessern. Gratification-Shoppers machen das, was spaßeshalber manchmal als „Einkaufstherapie" bezeichnet wird. Um Gratification-Shoppers anzusprechen, müssen Angebote geschaffen werden, die es den Kunden erlauben, sich zu entspannen, sich zu verwöhnen, und die – vor allem – *sofortige* Bedürfnisbefriedigung ermöglichen. Folgende Beispiele mit Bezug zu Ladengestaltung und Visual Merchandising lassen sich dazu anführen:

- Im Geschäft können eigene Bereiche eingerichtet werden, in denen Kunden sich entspannen und verwöhnen können. Das können ganz einfache Dinge sein, wie zum Beispiel Massagesessel oder Makeup-Stationen, wie sie in vielen Kaufhäusern und Parfümerien zu finden sind oder auch aufwendigere Maßnahmen bis hin zu eigenen Wellnessbereichen im Laden. Dass sich auch Männer beim Einkauf gerne verwöhnen lassen, zeigt sich am Beispiel von „The Art of Shaving", einer erfolgreichen amerikanischen Kette für Rasierzubehör. In den Läden sind eigene Bereiche im

Stil traditioneller Barbiere aufgebaut, in denen die Kunden eine perfekte Nassrasur genießen können (Abb. 6.6).

- Produktproben, die im Geschäft an die Kunden verteilt werden, dienen als antezedente Stimuli, die Befriedigung versprechen und bei Gratification-Shoppers Impulskäufe auslösen können.
- Produktpräsentationstechniken, bei denen das Prinzip der Verknappung eingesetzt wird – zum Beispiel wenn nur wenige Stücke einer Ware ausgestellt werden –, erhöhen die Exklusivität der Ware. Dadurch wird der Wert der Produkte in den Augen der Gratification-Shoppers gesteigert.
- Wann immer möglich, sollten Sie vermeiden, Barrieren aufzubauen, welche die sofortige Bedürfnisbefriedigung behindern, also etwa dann, wenn sich Produkte in versperrten Vitrinen befinden oder nur über den Warentisch verkauft werden. So können beispielsweise in Feinkostabteilungen in Supermärkten zusätzlich zu frisch aufgeschnittenen Wurst- und Käsewaren die gleichen Produkte auch bereits abgepackt angeboten werden. Angesprochen werden dadurch einerseits ungeduldige (und hungrige) Gratification-Shoppers und andererseits auch eilige utilitaristische Käufer. Zu berücksichtigen ist natürlich, dass manche Produkte vor Diebstahl gesichert werden müssen und andere Waren (Medikamente, Zigaretten) aufgrund gesetzlicher Vorschriften nicht frei zugänglich sein dürfen.

Abb. 6.6. Ein als traditioneller Barbier gestalteter Verkaufsraum richtet sich an Gratification-Shoppers

Idea-Shoppers

Idea-Shoppers sehen das Einkaufen als eine Gelegenheit, neue Produkte, Dienstleistungen, Modeströmungen und Trends kennenzulernen. Wie der Meinungsforscher Mark Penn herausgefunden hat, geben 78% der amerikanischen Konsumenten an, dass sie durch Werbung nicht genügend Informationen über Produkte und Dienstleistungen erhalten. Sie füllen dieses Informationsdefizit daher oft, indem sie im Internet recherchieren. Wie Penn weiter ausführt, recherchieren 24% der Konsumenten sogar, bevor sie ein Shampoo kaufen.[17] Trotz der wichtigen Rolle, die das Internet in der heutigen Zeit spielt, bereitet es Idea-Shoppers Vergnügen, auch im stationären Handel nach Informationen zu suchen.

Den Spaß, den Idea-Shoppers bei der Informationssuche haben, können Sie verstärken, indem Sie umfassende Produktinformationen bereitstellen. Dabei ist wichtig, dass Sie einerseits Informationen für die Idea-Shoppers, die danach suchen, anbieten, aber andererseits den durchschnittlichen Kunden nicht überfordern, den zu viele Detailinformationen verwirren oder verärgern könnten. Eine mögliche Lösung findet man in manchen Elektronikmärkten und Bürofachgeschäften. Neben erklärungsbedürftigen Produkten (z.B. Computern, Kameras und Bürogeräten) sind laminierte Karten an den Warenträgern angebracht. Auf der Vorderseite befinden sich grundsätzliche Produktinformationen, die von den meisten gewünscht werden. Wenn die Karte hingegen umgedreht wird, liefert sie wesentlich detailliertere Informationen (meist in kleinerer Schriftgröße), die für die Idea-Shoppers bestimmt sind.

Role-Shoppers

Den Role-Shoppers bereitet es Vergnügen, Geschenke für Menschen, die sie mögen, zu kaufen. Anlässe für das Kaufen von Geschenken sind Feiertage wie beispielsweise Weihnachten, Hanukkah, das Ende des muslimischen Fastenmonats Ramadan und der Valentinstag sowie persönlichere Anlässe wie Geburtstage, Jubiläen, Hochzeiten, Studienabschlüsse oder die Geburt eines Kindes. Für manche Leute sind sogar Partys anlässlich von Scheidungen zu Gelegenheiten für Geschenke geworden[18] (was auch immer ein geeignetes Geschenk zu diesem Anlass sein mag). Hier finden Sie einige Anregungen, wie Läden bei Role-Shoppers Anklang finden können:

- Saisonale Dekorationen können zum Kauf von Geschenken anregen. Zum Beispiel kann durch einen multisensorialen Adventmarkt im Laden (mit weihnachtlichen Symbolen, Farben und Düften) eine zum Kauf von Geschenken anregende Stimmung geschaffen werden.
- Schilder, die auf die Jahreszeiten und Feiertage abgestimmt sind, können Kunden subtil an ihre sozialen Verpflichtungen erinnern, zum Beispiel an den Muttertag oder den Valentinstag. Bilder eignen sich für diesen Zweck besonders gut, da sie Emotionen besser als Schilder mit Texten vermitteln. Um den Valentinstag herum könnte beispielsweise ein Bild

zeigen, was ein aufmerksamer Ehemann seiner Frau zu diesem Anlass schenken kann.

- In großen Geschäften kann eine spezialisierte Geschenkabteilung den Kauf von Geschenken vereinfachen. Ein Verpackungsservice für Geschenke kann den Geschenkekauf noch bequemer und angenehmer machen.
- Erlebnisse sind nicht nur für denjenigen, der schenkt, vergnüglich, sondern auch für den Beschenkten. Vorgefertigte Erlebnisse – die sich an Gratification-Shoppers richten – umfassen Fallschirmspringen, Wochenenden in Landhotels, Einkaufsbummel mit einer Stilberaterin, Thermenaufenthalte aber auch ausgefallenere Aktivitäten wie das Schwimmen mit Delfinen, Bungee-Jumping und sogar die gemeinsame Wanderung mit Wölfen.[19]

Abschließend möchten wir noch darauf hinweisen, dass Geschenkekäufer nicht nur eine wichtige Zielgruppe für den Handel sind. Eine Studie hat ergeben, dass Konsumenten, die für andere kaufen, glücklicher sind als Personen, die nur für sich selbst einkaufen.[20] Eingeschworene Role-Shoppers scheinen das schon seit langem zu wissen. Es ist nun an der Zeit für den Handel, diese gute Nachricht auch unter den anderen Kunden zu verbreiten.

Value-Shoppers

Value-Shoppers sind im Wesentlichen Schnäppchenjäger. Diese Gruppe von Konsumenten spricht besonders auf günstige Gelegenheiten und Preisnachlässe an. Es ist wichtig, darauf hinzuweisen, dass es nicht einfach nur die niedrigen Preise sind, die sie zum Kauf animieren. (Utilitaristische Käufer schätzen niedrige Preise ebenfalls.) Vielmehr spielen bei ihnen auch der Reiz der Schnäppchenjagd und das damit verbundene Gefühl des persönlichen Erfolgs eine wichtige Rolle.

Handelsbetriebe, die sich besonders an Value-Shoppers (und natürlich auch an preisbewusste utilitaristische Käufer) richten, sind 1-Euro-Shops. Pop-up-Läden sind eine neuere Handelsform. Es handelt sich dabei um Geschäfte, die ohne große Ankündigung in leerstehenden Geschäftslokalen für einen kurzen Zeitraum (einige Tage oder Wochen) öffnen. Das Ziel ist dabei, Konsumenten zu überraschen.[21] Gerade wegen ihrer zeitlichen Begrenzung sprechen sie Value-Shoppers an, die Spaß dabei haben, sie zu entdecken und in ihnen in der kurzen zur Verfügung stehenden Zeit einzukaufen.

Traditionelle Läden können jedoch auch Maßnahmen setzen, um Value-Shoppers anzusprechen:

- Bestimmte Bereiche des Ladens können sich spezifisch an Schnäppchenjäger richten. In Kaufhäusern ist das oft ein Bereich, der „Fundgrube" oder „Schnäppchenmarkt" genannt wird.

- Auch Warendisplays können signalisieren, dass es besondere Angebote gibt und dass Schnäppchenjäger diese erst „erobern" müssen. Sie sehen zwar nicht besonders schön aus, aber Wühltische, auf denen sich Berge von Waren häufen, stellen für Schnäppchenjäger eine erfreuliche Herausforderung dar (Abb. 6.7).
- Auf ähnliche Weise geben auch basarähnliche Verkaufsräume (die natürlich bewusst so gebaut wurden) Schnäppchenjägern den gewünschten Nervenkitzel bei ihrer Suche nach verborgenen Schätzen.
- Das Farbschema des Geschäfts oder der Warenpräsentation kann Value-Shoppers signalisieren, dass es besonders günstige Angebote gibt. In zahlreichen Ländern, von den USA über Deutschland bis nach Thailand, haben wir beobachtet, dass in Läden die Farbkombination Gelb-Rot eingesetzt wird, um niedrige Preise, Abverkäufe und Sonderangebote zu signalisieren.

Abb. 6.7. Eine willkommene Herausforderung für Value-Shoppers

Bei allen vorgestellten Möglichkeiten und Techniken muss aber natürlich darauf geachtet werden, dass sie die generelle Preis- und Qualitätswahrnehmung des Geschäfts nicht negativ beeinflussen. Eine „billige" Farbkombination oder eine Reihe mit Wühltischen zieht zwar Schnäppchenjäger an, sie kann gleichzeitig aber auch unerwünschte Konsequenzen für die Positionierung des Ladens haben. Außerdem sind ungeordnete Warenpräsentationen wie Wühltische von Konsumenten mental schwer zu verarbeiten, was zu negativen Emotionen führen kann. Die Devise heißt daher Abtrennung. Fundgruben im Kellergeschoß, Outlet-Centers, die weit entfernt von

Großstädten liegen, und diskret im hinteren Teil des Ladens angesiedelte Schnäppchenecken dienen diesem Zweck im gehobenen Handel.

Unvergessliche Erlebnisse schaffen

Um für hedonische Käufer einprägsame Erlebnisse zu schaffen, bedarf es sorgfältiger Planung. Einfach nur verschiedene Umweltreize wie Farben, Musik, Düfte, Oberflächen oder Licht zu kombinieren, reicht nicht aus. Um Erlebnisse zu kreieren, die Ihre Kunden begeistern und Ihren Laden positiv von der Konkurrenz abheben, empfehlen wir folgende Vorgehensweise, die sich in vier Schritte unterteilen lässt:[22]

1. *Sammeln Sie verschiedene Ideen, um ein einprägsames Erlebnis zu schaffen.* Kreativitätstechniken wie Brainstorming und Mind-Maps können Ihnen dabei helfen, neue Ideen zu finden. Wenn Sie ein Brainstorming durchführen, um auf Ideen für mögliche Einkaufserlebnisse zu stoßen, kann es helfen, folgende Punkte in den kreativen Prozess miteinzubeziehen:
   - die verkauften Waren oder angebotenen Dienstleistungen
   - kulturelle Trends
   - die Firmengeschichte
   - die Zielgruppe an die sich das Erlebnis richtet

Das Ziel dieses Schritts ist es, möglichst einzigartige, einprägsame Erlebnisse zu generieren, die von den Mitbewerbern nicht leicht nachgeahmt werden können. Eine Sammlung möglicher Ausgangspunkte für die Schaffung von Erlebnissen finden Sie in Tabelle 6.1. Diese Punkte beziehen sich vorwiegend auf die Werte von Konsumenten, also auf Aspekte des täglichen Lebens, die vielen Menschen (in unterschiedlichem Ausmaß) wichtig erscheinen. Da die Werteorientierung von Konsumenten erheblichen Einfluss auf das Konsumentenverhalten hat, eignet sich der Bezug auf Werte sehr gut zur Schaffung ansprechender Erlebnisse.

Ausgelassenheit	Komfort
Berühmtheit	Leistung
Erfolg	Meditation
Erotik	Natürlichkeit
Exotik	Nostalgie
Fantasie	Prestige
Freiheit	Reichtum
Genuss	Sportlichkeit
Geselligkeit	Technologie
Gesundheit	Überraschung
Humor	Wissen

Tab. 6.1. **Ausgangspunkte für einprägsame Erlebnisse.** *Quelle: In Anlehnung an Kroeber-Riel, Weinberg und Gröppel-Klein (2009)*

2. *Eliminieren Sie unpassende Erlebnisse.* Stellen Sie sich die folgenden Fragen, um unpassende Erlebnisse zu eliminieren:
   - Passt das Erlebnis zu den Werten der Zielgruppe?
   - Bezieht sich das Erlebnis auf länger anhaltende Trends anstatt kurzfristiger Modeerscheinungen?
   - Gibt es mit dem Erlebnis verbundene negative Assoziationen?
   - Passt das Erlebnis zur Corporate Identity des Unternehmens?
   - Kann das Erlebnis von der Konkurrenz einfach nachgemacht werden?
   - Wie einzigartig ist das Erlebnis?
   - Hat das Unternehmen die nötigen Ressourcen und Fähigkeiten, um das Erlebnis erfolgreich umzusetzen?
3. *Entwickeln und testen Sie Ihr Erlebniskonzept.* An dieser Stelle kommt die Marktforschung ins Spiel. Bevor Konsumenten Feedback dazu geben können, was ihnen an einem Erlebnis gefällt, muss ein Konzept entwickelt werden. Dieses Konzept kann eine verbale Beschreibung des Erlebnisses sein, eine grafische Visualisierung, ein dreidimensionales Modell oder vorzugsweise eine Kombination all dieser Techniken. Das Konzept wird dann getestet, indem eine passende Gruppe von Konsumenten um Feedback gebeten wird. Meist erfolgt das in Form von qualitativer Forschung, zum Beispiel in Fokusgruppen (Gruppendiskussionen unter der Anleitung eines Moderators), bei denen den Teilnehmern das Konzept vorgelegt wird und diese es dann kommentieren.
4. *Implementieren Sie das gewählte Erlebnis.* Erst wenn das Erlebniskonzept vollständig entwickelt und getestet wurde, sollte mit der Implementierung, also der konkreten Umsetzung im Laden, begonnen werden.

Inszenieren Sie ein glaubhaftes Erlebnis

„Die ganze Welt ist Bühne und alle Frauen und Männer bloße Spieler", erklärt Jaques in Shakespeares *Wie es euch gefällt*.[23] Diese Theatermetapher wurde auch von dem Soziologen Ervin Goffman herangezogen, um soziale Interaktionen zwischen Menschen so zu analysieren, als wären sie Theateraufführungen.[24] Auch Läden und Dienstleistungsbetriebe können mit Theaterproduktionen verglichen werden, und diese dramaturgische Perspektive kann für das Erlebnismarketing wertvolle Hinweise liefern.

Eine zentrale Aussage der dramaturgischen Perspektive nach Goffman ist, dass es das Ziel einer Theaterproduktion sei, eine für das Publikum glaubhafte Aufführung zu liefern. Dieses Ziel kann nur erreicht werden, wenn alle Aspekte des Theaters perfekt zusammenarbeiten – die Schauspieler, die Bühne und die Requisiten, um nur einige zu nennen. Wenn Sie ein Erlebnis für Ihre Kunden gestalten, ist eine „glaubhafte Aufführung" ebenfalls essenziell. Um dies zu erreichen, müssen alle Aspekte der „Show" (für die wir hier die im Theater gebräuchlichen Begriffe verwenden werden) perfekt zusammenspielen.

Das Skript

Um eine großartige Show zu inszenieren, ist ein exzellentes Skript (auch Libretto oder Textbuch genannt) notwendig. Der Erfolg von Filmen hängt ebenfalls maßgeblich vom Drehbuch ab. Im Erlebnismarketing ist das Skript die langfristige Strategie des Unternehmens, die auch ein längerfristiges, strategisches Erlebniskonzept enthalten soll.

Die Schauspieler

Die Schauspieler, die in einer Theateraufführung oder in einem Film mitspielen, werden sorgfältig ausgewählt, damit sie in die Rollen, die sie übernehmen sollten, passen. Sie müssen ihre Rollen einstudieren, die passenden Kostüme tragen, sich an das Skript halten und sich während der gesamten Aufführung mit ihren Schauspielerkollegen abstimmen, damit die Show für das Publikum glaubhaft wirkt. Umgelegt auf den Handel kann man feststellen, dass auch hier ein glaubwürdiges Erlebnis nur mit dem passenden Personal erreichbar ist.

In diesem Buch beschäftigen wir uns vorwiegend mit der physischen Umgebung der Aufführung, also in der Theatersprache ausgedrückt mit den Kulissen, den Requisiten und Kostümen. Glaubhafte, den Kunden berührende Erlebnisse hängen aber sehr stark von den richtigen Mitarbeitern ab. In bestimmten erlebnisorientiert gestalteten Geschäften mag der Schwerpunkt auf der Ladengestaltung liegen (beispielsweise bei den zuvor beschriebenen ästhetischen Erlebnissen), aber auch dort sind die Mitarbeiter essenziell. Wenn die Kunden in das aufgeführte Erlebnis stärker einbezogen werden, hängt der Erfolg noch mehr vom Personal ab. Wenn sich auf der Bühne untalentierte oder desinteressierte Schauspieler befinden, so ruiniert dies jedes Theaterstück, selbst wenn das Skript passt und die anderen Schauspieler hervorragend sind. Analog dazu können auch im Erlebnishandel inkompetente, schlecht ausgebildete oder distanzierte Verkäufer nicht durch die Ladengestaltung und das Visual Merchandising ausgeglichen werden, wie spektakulär das Geschäft auch aussehen mag. Selbst die erfahrensten Erlebnismarketer haben manchmal Probleme mit der Qualität ihrer „Ensemblemitglieder": Als die Walt Disney Corporation ihren ersten Themenpark auf europäischem Boden, Euro Disney (mittlerweile in Disneyland Paris umbenannt), eröffnete, war es schwierig, Personal zu rekrutieren und auszubilden, das die nötige Motivation hatte, Disneys Servicephilosophie, ein fröhliches und familienfreundliches Erlebnis, mit einem freundlichen Lächeln zu vermitteln. In den Worten eines französischen Disney-Mitarbeiters: „Ich lächle dann, wenn ich will. Bringt mich dazu, zu lächeln."[25]

Die Bühne

In einem Theater ist die Bühne in eine Vorderbühne und eine Hinterbühne unterteilt. Auf der Vorderbühne führen die Schauspieler das Stück auf. Sie ist für das Publikum sichtbar. Alles auf der Vorderbühne muss so gestaltet sein, dass es zu einer glaubwürdigen Show beiträgt. Es ist die Verantwortung der Bühnenbildner, eine perfekte Kulisse zu schaffen, in der die Schauspieler ihre Rollen ausführen können. Wenn die Kulisse von schlechter Qualität ist, leidet die Aufführung darunter. Die Hinterbühne ist zwar für das Publikum nicht sichtbar, sie ist aber für eine glaubhafte Aufführung genauso wichtig. Auf der Hinterbühne proben die Schauspieler ihre Rollen, sie warten, bis sie auf die Bühne gerufen werden, und hier entspannen sie sich zwischen ihren Auftritten. Sie können diese dramaturgische Metapher einfach auf einen Laden oder einen Dienstleistungsbetrieb übertragen: Im Geschäft ist der Verkaufsraum die Vorderbühne und in einem Restaurant der Speiseraum. Es ist die physische Umgebung, die die Kunden sehen, und sie stellt den Fokus dieses Buches dar.

Jedes Detail der Vorderbühne muss sorgfältig geplant sein. Stellen Sie sich ein Theaterstück vor, das im 19. Jahrhundert spielt, die Kulisse auf der Bühne sieht jedoch aus wie ein Wohnzimmer in den 1970er-Jahren. Wie glaubwürdig würden Sie das finden? Selbst wenn nur ein Möbelstück auf der Bühne so aussieht, als stamme es aus den 1970er-Jahren, kann das die Aufführung zerstören. Gleichermaßen muss auch in einem Geschäft jedes Detail der Ladengestaltung passen. Wenn zum Beispiel ein Kosmetikgeschäft so gestaltet ist, dass es ein Naturerlebnis vermittelt, dann können Warenträger aus Plastik das Erlebnis der Kunden zerstören, auch wenn der Laden davon abgesehen aufwendig mit Bäumen, Gras, Blumen und anderen naturverbundenen Elementen thematisiert gestaltet wurde.

So wie die Hinterbühne im Theater sind die Lagerräume, Büros und Pausenräume der Verkäufer für die Kunden (pardon, das Publikum) nicht sichtbar. Trotzdem tragen sie zu einer glaubhaften Aufführung bei. Zum Beispiel müssen das Layout und die Lage der Lagerräume so geplant werden, dass sie den Transport der Ware in den Verkaufsraum unterstützen. Wenn das nicht der Fall ist, können sie das Einkaufserlebnis massiv beeinträchtigen. Aus diesem Grund sind die Kühlräume in Supermärkten oft so geplant, dass Kühlregale im Verkaufsraum durch eine Öffnung in der Wand direkt aus dem Lager beschickt werden können, ohne die Kunden zu belästigen.

Theaterleute wissen, dass der Eingang zur Hinterbühne stets bewacht sein muss. Wäre es dem Publikum möglich, die Hinterbühne zu betreten, würden sie die Schauspieler in völlig anderer Weise sehen, und das Image des Theaters, der Schauspieler und des Stücks würde darunter leiden. Auf der Hinterbühn, spielen die Schauspieler ihre Rollen nicht, sie folgen keinem Skript, und sie tragen womöglich nicht einmal ihre Kostüme. Einer der Autoren war einmal Gast bei einer Talkshow, die von einer Dame mittleren Alters geleitet wurde. Die Moderatorin, eine ehemalige Sängerin, war bekannt für ihren Charme und ihren Stil. Sie auf der Hinterbühne des Studios eine Stunde vor Beginn der Sendung zu sehen, wie sie ohne Makeup und in alten Jeans ein Liedchen trällerte, das eindeutig nicht für die Öffentlichkeit gedacht war, war zwar rührend, aber es war auch klar, dass sie von ihrem Publikum auf keinen Fall so gesehen werden wollte.

In einem Laden oder einem Dienstleistungsbetrieb muss der Eingang zur Hinterbühne ebenfalls stets vor unerwünschten Besuchern geschützt werden. Ansonsten werden die Illusionen der Kunden, das sorgsam aufgebaute Erlebnis zerstört. Wenn in einem Restaurant der Eingang zur Küche offen gelassen wird, sehen die Gäste eine Umgebung, die sich erheblich vom Speiseraum unterscheidet. Das nüchterne Layout der Küche, die steril erscheinenden Geräte und der Trubel der Köche und Kellner stellen einen krassen Gegensatz zum eleganten Design des Speiseraums dar. Auch wenn das Personal alle Hygienerichtlinien genau einhält, kann die Küche in den Augen der Gäste unordentlich oder sogar chaotisch erscheinen.[26] Auch bei Kunden, die einen Blick in den spärlich eingerichteten Lagerraum eines ansonsten aufwendig gestalteten Flagship-Stores erhaschen, kann das Einkaufserlebnis darunter leiden.

Während in einem Theater die Vorderbühne und der Zuschauerraum abgetrennt sind, befinden sich in einem Geschäft die Kunden direkt auf der Vorderbühne. Aus diesem Grund ist es notwendig, darauf zu achten, dass Vorgänge, die sich auf der Hinterbühne abspielen sollten, nicht die Vorderbühne beeinträchtigen. Dies ist etwa dann der Fall, wenn Reinigungsmittel oder persönliche Gegenstände des Personals für Kunden im Laden sichtbar sind.

Manchmal jedoch öffnen Betriebe die Hinterbühne oder zumindest Teile davon, da dies selbst ein interessantes Erlebnis für die Kunden darstellen kann. Hier sind einige Beispiele dafür:

- Schauküchen in Restaurants, in denen das Essen vor den Augen der Gäste zubereitet wird (z.B. in einigen japanischen Restaurants)
- Backstage-Tours, wie sie zum Beispiel in den Disney-Themenparks und den Universal Studios angeboten werden
- Kunsthandwerkliche Betriebe, in denen die Kunstobjekte vor den Augen der Kunden hergestellt werden, wie zum Beispiel in den venezianischen Glasbläsereien

Solche inszenierten Blicke hinter die Kulissen können für Kunden spannende und einprägsame Erlebnisse darstellen und den Geschäften eine Möglichkeit zur Differenzierung von der Konkurrenz bieten. Es muss nur sichergestellt werden, dass die Kunden niemals durch Zufall die echte Hinterbühne betreten (wo viele der venezianischen Glasbläsereien die chinesischen Importwaren lagern).

Thematisieren Sie Ihr Geschäft

Manchmal wünschen sich Menschen, sie wären an einem anderen Ort der Welt oder sie könnten eine Zeitreise in ein anderes Zeitalter unternehmen. Wie wäre es damit, den Regenwald des Amazonas zu entdecken, durch eine schottische Gespensterburg zu gehen, ein unterirdisches Abendessen auf einem Korallenriff einzunehmen oder Marie Antoinettes feinstes Porzellan in Versailles zu kaufen? Konsumenten können all dies tun, ohne Zeit auf Langstreckenflügen zu verbringen, sich sorgen zu müssen, sich in einem schlecht belüfteten mittelalterlichen Gebäude einen Schnupfen zu holen, ganz ohne die Kosten und Mühen von Tauchunterricht oder die Angst, von den Fanatikern der französischen Revolution geköpft zu werden. Die architektonisch-dramaturgische Methode, die es all diesen Eskapisten erlaubt, ihre bevorzugten Abenteuer zu erleben, wird Theming (im Deutschen manchmal auch „Thematisierung") genannt.

Theming ist eine wichtige Methode des Erlebnismarketings, die von vielen (jedoch nicht allen) in diesem Kapitel genannten Geschäften, Einkaufszentren und Dienstleistungsbetrieben angewandt wird. In thematisierten Umgebungen werden die meisten Elemente so gestaltet, dass sie eine Geschichte erzählen, in der der Besucher mitspielt oder teilhat.[27] Die physischen Attribute der Umgebung (Layout, Farbe, Architektur), die Mitarbeiter (Kostüme, Makeup) und Produkte sollten alle Teil des Themings sein.[28] Durch die Thematisierung werden spannende und oft ungewöhnliche künstliche Welten geschaffen, an denen die Konsumenten teilhaben.[29] Durch Theming wird einem Laden oder einem Dienstleistungsbetrieb eine besondere Bedeutung vermittelt, die ihn von der Konkurrenz abheben und ihn dadurch in den Augen der Konsumenten attraktiver und interessanter erscheinen lassen.[30]

Aufgrund dieser Vorteile lassen sich im Dienstleistungssektor zahlreiche Bespiele für thematisierte Umgebungen finden:

- Themenparks (z.B. Walt Disney World, der weltweit größte Themenpark- und Resort-Komplex)
- Hotels (z.B. das berühmte Madonna Inn im kalifornischen San Luis Obispo, wo Gäste in vielen unterschiedlichen thematisierten Zimmern schlafen können, unter anderem einem Gästezimmer, das einer Höhlenbehausung aus der Steinzeit nachempfunden wurde)
- Restaurants (z.B. die Bubba Gump Shrimp Co. Restaurants, deren Dekor durch den Film Forrest Gump inspiriert wurde, oder die Rainforest Cafés, in denen die Gäste im tropischen Regenwald speisen; siehe Abb. 6.8)
- Spielkasinos (z.B. praktisch alle Kasinos in Las Vegas: Circus Circus, Luxor und Treasure Island, um nur einige zu nennen)
- Museen (z.B. das Museum of Immigration auf der Insel Ellis Island vor New York, wo Besucher die Erfahrungen der Einwanderer an der Wende zum 20. Jahrhundert nachempfinden können)
- Aquarien (z.B. das Acquario di Genova im Genua, wo sich Besucher so fühlen können, als wären sie mitten im Meer)

- Orte (z.B. Colonial Williamsburg in Virginia, wo Besucher das Leben in einer Stadt in den britischen Kolonien miterleben können)

Abb. 6.8. In diesem in der Form eines Urwalds thematisierten Restaurant werden die Gäste von elektronisch gesteuerten Elefanten-Figuren begrüßt

In Restaurants ist Theming mittlerweile so verbreitet, dass sich sogar Satiriker mit dem Thema beschäftigen. So wurde beispielsweise auf der satirischen Website *The Onion* ein Artikel publiziert, in dem augenzwinkernd behauptet wird: „Das letzte nicht thematisierte Restaurant des Landes hat seine Pforten geschlossen":

DUBUQUE, Iowa – Eine Epoche ging letzten Dienstag zu Ende, als Pat's Place, das letzte nicht thematisierte Restaurant des Landes mit Sitz in Dubuque, seine Geschäftstätigkeit einstellte. „Mit unseren einzigartigen nichtthematisierten Speisen und unserer schmucklosen Atmosphäre haben wir einen gewisse lokale Berühmtheit erreicht", so der Besitzer Patrick Baines, „aber der Umsatz war schwach und die meisten Besucher haben unser Lokal nur betreten, um unsere ungeschmückten Wände und Speisen mit schlichten Namen wie ‚Hamburger' und ‚Pfannkuchen' zu bestaunen. Danach gingen sie alle zu den in der Nähe angesiedelten Rainforest Café, Hard Rock Café, Planet Hollywood, All-Star Café, Johnny Rocket's oder Disney Café." Nachdem Baines ausgezogen ist, wird im Gebäude der siebte Paddy O'Touchdown's Irish Sports Bar & Good-Tyme Internet Grill der Stadt eröffnen.[31]

Auch im Handel ist das Theming weit verbreitet. Sowohl einzelne Läden als auch ganze Einkaufszentren können thematisiert werden. Praktisch jede Art von Geschäft kann thematisiert werden. Beispiele sind der als Urwald gestaltete Supermarkt Jungle Jim's in Cincinnati oder das ziemlich unheimliche Geschäft Necromance, ein „Souvenirgeschäft" in Los Angeles, in dem der Tod thematisiert wird. Thematisierte Verkaufsumgebungen finden sich aber vor allem auch in Flagship-Stores, z.B. jenen von Apple, Prada, Nike oder Nokia.

Auch thematisierte Einkaufszentren sind sehr beliebt geworden. Berühmte Beispiele, abgesehen von den bereits erwähnten Forum Shops in Las Vegas, sind die riesige West Edmonton Mall in Kanada und die Ibn Battuta Mall in Dubai. In der West Edmonton Mall gibt es verschiedene thematisierte Bereiche, unter anderem Chinatown, einen von der Stadt New Orleans inspirierten Bereich und einen „Europa Boulevard". Die Ibn Battuta Mall ist nach dem arabischen Entdecker Ibn Battuta benannt und die verschiedenen Bereiche des Einkaufszentrums sind aufwendig thematisiert, um die von diesem Abenteurer besuchten Länder, Indien, China, Persien, Ägypten, Tunesien und Andalusien, darzustellen.

Theming kann dabei helfen, Kunden anzuziehen und ein Unternehmen von der Konkurrenz abzuheben, aber nicht alle Bemühungen sind erfolgreich. Ein Beispiel dafür ist die Restaurantkette „Dive!". Die Restaurants, deren Mitbesitzer Stephen Spielberg war, erfuhren in den Medien erhebliche Beachtung. Das Theming war zwar originell – innen und außen sahen die Restaurants wie U-Boote aus –, aber das Unternehmen war finanziell nie erfolgreich. Nach nur fünf Jahren mussten die Schotten dichtgemacht und die Restaurants geschlossen werden.[32] Es gibt mehrere Gründe für den Misserfolg thematisierter Läden und Dienstleistungsbetriebe:

- Theming kann sehr kapitalintensiv sein und in bestimmten Fällen einfach zu teuer kommen.
- Das gewählte Thema spricht die Zielgruppe nicht an.
- Die Verkäufer oder Servicemitarbeiter sind nicht ausreichend geschult oder motiviert, um ihre Rollen in der Themenwelt mit Engagement und Fachkenntnis auszuführen.[33]

Um erfolgreich zu sein, muss das Theming richtig angegangen werden. Wertvolle Hinweise dazu kommen von Marty Skylar, dem früheren Leiter der „Imagineering"-Abteilung in der Walt Disney Corporation, der den Bau mehrerer Disney-Themenparks leitete. Er drückt seine Empfehlungen als „Mickeys 10 Gebote" aus:

1. Lernen Sie, wer Ihr Publikum ist – Langweilen Sie Ihre Kunden nicht, behandeln Sie sie nicht herablassend, aber gehen Sie auch nicht davon aus, dass sie alles wissen, was Sie wissen.
2. Treten Sie in die Fußstapfen Ihrer Gäste – Bestehen Sie darauf, dass alle Designer, Mitarbeiter und auch die Unternehmensleitung so oft wie möglich Ihre thematisierte Verkaufsumgebung besuchen.

3. Organisieren Sie den Fluss von Menschen und Ideen – Verwenden Sie die thematisierte Umgebung dazu, Geschichten zu erzählen. Erzählen Sie interessante Geschichten, ohne zu belehren, und beachten Sie, dass Ihre thematisierte Umgebung logisch und strukturiert aufgebaut ist.

4. Schaffen Sie Fokuspunkte – Leiten Sie Besucher von einem Bereich in den nächsten, indem Sie visuelle Magnete schaffen, die den Besucher dafür belohnen, dass er sich weiterbewegt hat.

5. Kommunizieren Sie mit visueller Kompetenz – setzen Sie alle verfügbaren nonverbalen Kommunikationsmöglichkeiten ein – Farben, Formen, Oberflächen.

6. Vermeiden Sie Informationsüberlastung – Widerstehen Sie der Versuchung, zu viel zu erzählen und zu zeigen. Zwingen Sie Ihre Kunden nicht, mehr zu schlucken, als sie verdauen können. Ermuntern Sie aber auf subtile Weise diejenigen, die mehr sehen möchten.

7. Erzählen Sie immer nur eine Geschichte nach der anderen – Wenn sie viele Informationen anzubieten haben, dann unterteilen Sie diese in sich abgeschlossene, zusammenhängende Geschichten. Damit erleichtern Sie die Aufnahme und Verarbeitung der Informationen.

8. Vermeiden Sie Widersprüche – Eine klare Identität des Unternehmens gibt Ihnen einen Wettbewerbsvorsprung. Die Öffentlichkeit muss wissen, wer Sie sind und was Sie von den Mitbewerbern unterscheidet.

9. Unterhalten Sie Ihr Publikum – Wie erreichen Sie es, dass Kunden gerade zu Ihnen kommen? Geben Sie Ihnen viele Möglichkeiten, sich zu unterhalten. Das schaffen sie vor allem dann, wenn Sie Ihre Attraktionen interaktiv gestalten und Ihre Atmosphäre alle Sinne anspricht.

10. Sorgen Sie dafür, dass sich kein Schlendrian einschleicht – Unterschätzen Sie niemals, wie wichtig es ist, dass alles sauber ist und funktioniert. Die Kunden verlangen, dass ihnen jederzeit eine gute Show geboten wird, und haben kein Verständnis für Schmutz und Nachlässigkeit.[34]

Viele Faktoren tragen zum erfolgreichen Theming bei. Einige sind jedoch besonders wichtig. Wir nennen sie die vier Grundpfeiler des erfolgreichen Themings:

1. Wahl eines geeigneten Themas
2. Liebe zum Detail
3. Authentizität
4. Einstellung des Personals

Wahl eines geeigneten Themas

Sollte Ihr Laden wie ein Urwald aussehen, wie eine viktorianische Boutique oder wie das Raumschiff Enterprise? Ideen für Thematisierungsmöglichkeiten lassen sich viele finden. Sie können sich auf unsere physische Welt, Religion, Politik Geschichte, Mode, Populärkultur, Kunst und sogar philosophische und psychologische Konzepte beziehen.[35] Quellen für mögliche Themen sowie Beispiele dafür finden Sie in Tabelle 6.2.

Thema	Beispiele	
Tropisches Paradies	Polynesien, Florida, Hawaii, Karibik	Jungle Jim's, Cincinnati, Ohio
Status	Schlösser, Paläste	Burj al Arab Hotel (7-Stern-Hotel), Dubai
Wilder Westen	Geisterstadt, Saloon	The Wild Wild West Store, Dallas, Texas
Klassische Zivilisation	Antikes Rom, antikes Griechenland, pharaonisches Ägypten	Forum Shops, Las Vegas
Nostalgie	Tante-Emma-Laden, Main Street USA	Cracker Barrel Old Country Store and Restaurant Chain
Arabische Fantasie	Tausendundeine Nacht, orientalische Basare, Marokko	The Casbah Fashion Store and Café, Los Angeles
Großstadt	New York, London, San Francisco	Ted Baker, Chicago
Exotische oder romantische Orte	Venedig, Paris, Bangkok	The Venetian, Las Vegas
Fortschritt und Moderne	Reine, klare Linien, Technologie	Apple Stores
Musik	Rock, Jazz, klassische Musik	Hard Rock Cafe
Sport	Baseball, Football, Hockey, Fußball	Niketown Flagship Stores
Hollywood und Filme	Cartoons, Casablanca, Filmstudio	Planet Hollywood
Berühmte Gebäude	Eiffelturm, die Sphinx	Luxor, Las Vegas
Mode	Models, Kleidung	Victoria's Secret Flagship Store, New York
Literatur	Harry Potter, Sherlock Holmes	Jekyll & Hyde Club, New York
Natur	Regenwald, Wüste, Vulkane	Bass Pro Shops

Thema	Beispiele	
Abstrakte Konzepte	Umweltschutz, Entstehung der Welt, Religion	The Holy Land Experience, Orlando, Florida
Das Untenehmen selbst	Flagship Stores, die das Unternehmen und sein Logo zelebrieren	M&M World, World of Coca-Cola

Table 6.2. Mögliche Quellen für Themen. Quellen. basierend auf Bryman (2004), Gottdiener (1997); Schmitt & Simonson (1997)

Wenn Sie ein Thema wählen, müssen die Werte und Präferenzen der Zielgruppe genau beachtet werden.[36] Bei einer spezifischen Gruppe europäischer Konsumenten haben wir beispielsweise durch eine Umfrage herausgefunden, dass sie die Themen „Tropisches Paradies", „Venedig" und „Klassische Zivilisation" besonders schätzen. Allerdings zeigen die Resultate auch, dass es hinsichtlich der Präferenzen zwischen Männern und Frauen, aber auch zwischen den verschiedenen Altersgruppen Unterschiede gibt. Vor allem aber bevorzugen die Konsumenten unterschiedliche Themen für unterschiedliche Geschäfte und Dienstleistungsbetriebe. Während zum Beispiel in Hotels, Reisebüros und Zoos das Thema „Tropisches Paradies" gut ankommt, wurde dieses Thema für Modegeschäfte und Supermärkte als weniger passend empfunden. Für Letztere fand eine futuristische Thematisierung den größten Anklang. Diese Ergebnisse sind sicher orts- und zeitabhängig und sollten nicht verallgemeinert werden, aber sie weisen auf die Wichtigkeit hin, die für einen Verkaufsraum passende Thematisierung auszuwählen. Eine solche Wahl sollte nach Möglichkeit auf soliden empirischen Marktforschungsergebnissen beruhen.

Liebe zum Detail

Sie haben bereits die dramaturgische Perspektive kennengelernt und wie wichtig es ist, eine glaubwürdige Aufführung zu inszenieren. Das gilt ganz besonders dann, wenn der Verkaufsraum thematisiert wird. Selbst die kleinsten Details müssen berücksichtigt werden, ansonsten wird die durch das Theming geschaffene Illusion zerstört – was in weiterer Folge zur Enttäuschung oder gar zu zynischen Reaktionen der Kunden führen kann.

Authentizität

Ein weiterer Faktor, mit dem sich Designer, Besitzer und Manager thematisierter Geschäfte und Einkaufszentren auseinandersetzen sollten, ist deren Authentizität. Zum Beispiel, wie wichtig ist es, dass in einem amerikanischen Modegeschäft, das als Pariser Boutique thematisiert wurde, echte französische Möbel, Dekorationen und Kunstwerke verwendet werden? Einige

Experten behaupten, dass Konsumenten auf der Suche nach „objektiver Authentizität"[37] sind, andere hingegen sind der Ansicht, dass Konsumenten lediglich unterhaltsame Illusionen suchen.[38] Basierend auf unseren eigenen Untersuchungen über Theming nehmen wir eine etwas andere Position ein. Die Entscheidung darüber, ob echt oder künstlich besser ist, hängt sehr stark vom Erfahrungshintergrund der Käufer ab. Wenn die Kunden mit der Kultur, der geschichtlichen Periode, dem Ort oder der Geschichte, auf denen die Thematisierung beruht, vertraut sind, sollten plumpe Klischees und stereotype Symbole vermieden werden. Stattdessen empfehlen wir den Einsatz echter Artefakte.

Im Fall des als Pariser Boutique thematisierten Modegeschäfts sind die Kundinnen vermutlich mit französischer Kultur vertraut. In einem exklusiven Geschäft in Manhattan oder Berlin sollten französische Kunstwerke und Möbel in die Gestaltung des Geschäfts miteinbezogen werden. Wenn die Kunden hingegen mit dem kulturellen Hintergrund der Thematisierung nur wenig vertraut sind, dann sind sie zufriedener, wenn ihre stereotypen Erwartungen erfüllt werden.[39] Dies erklärt, warum sowohl stark klischeehaftes Theming wie das Rainforest Café als auch thematisierte Verkaufsumgebungen, in die historische Gebäude miteinbezogen werden, so wie der South Street Seaport in New York oder Covent Garden in London, höchst erfolgreich sein können. Sie müssen nur die richtige Zielgruppe am richtigen Ort auf passende Weise ansprechen.

Einstellung des Personals

Die Gestaltung der physischen Umgebung eines Geschäfts ist natürlich essenziell, damit Theming funktioniert. Aber so ist das Personal. Ein hohes Maß an Kundenorientierung des Verkaufspersonals ist ein Erfolgsfaktor sowohl in thematisierten als auch in nicht thematisierten Läden und Dienstleistungsbetrieben. Was sollte ein sorgfältig geplantes Theming schon ausrichten können, wenn der Kellner unhöflich oder die Verkäuferin desinteressiert ist? Das Personal muss ebenso sorgfältig ausgewählt, geschult und motiviert werden, um die passende Rolle als Teil der gesamten Thematisierung zu spielen. Dazu gehört Folgendes:

1. Das Personal muss die für die Rolle passenden Kostüme tragen. Zum Beispiel sollte in einem statusthematisierten Geschäft das Verkaufspersonal entsprechende, zum Theming passende Kleidung tragen.
2. Die Mitarbeiter sollten die richtigen Worte und die passende Aussprache beherrschen. In einem italienisch thematisierten Geschäft sollten die Verkäufer die italienischen Produkte und Markennamen richtig aussprechen können (und, ebenso wichtig, die Aussprache der Kunden nicht korrigieren).
3. Die Verkäufer müssen über das nötige Wissen für ihre Rolle verfügen. So sollt in einem auf Hightech thematisierten Geschäft das Verkaufspersonal auf dem neuesten Stand aller verkauften Technologieprodukte sein.

Wie im Theater oder im Film sind es am Ende die Schauspieler, die den Applaus oder die Buhrufe erhalten.

Das Wichtigste in Kürze

Hier sind die wichtigsten Erkenntnisse aus diesem Kapitel:

- Die Einkaufserlebnisse von Kunden sollten bewusst geschaffen und gesteuert werden, und die Ladengestaltung spielt dabei eine wichtige Rolle aufgrund der Sinneseindrücke, die im dreidimensionalen Verkaufsraum direkter als über die Massenmedien und das Internet vermittelt werden können.
- Erlebnisorientierte Ladengestaltung bietet dem stationären Handel einen wichtigen kompetitiven Vorteil gegenüber dem Internethandel.
- Erlebnisorientierte Ladengestaltung ist mehr als nur die Schaffung positiver Emotionen – das Ziel ist es, unverwechselbare, einprägsame Erlebnisse für die Kunden zu kreieren.
- Konsumenten kaufen aus utilitaristischen und hedonischen Gründen ein. Hedonisches Kaufverhalten – Einkaufen aus Vergnügen und nicht aus einer Notwendigkeit heraus – hat in der heutigen Gesellschaft erheblich an Bedeutung gewonnen. Marketer müssen die verschiedenen hedonischen Einkaufsmotive verstehen, um die für die jeweilige Zielgruppe passenden Erlebnisse zu schaffen.
- Auch wenn in vielen Geschäften erlebnisorientierte Ladengestaltung verwendet wird, um Adventure-Shoppers anzusprechen (die tatsächlich ein wichtiges hedonisches Marktsegment darstellen), so kann Ladengestaltung auch dazu verwendet werden, um andere Typen von hedonischen Käufern anzusprechen: Social Shoppers, Idea-Shoppers, Role-Shoppers und Value-Shoppers.
- Um einprägsame Erlebnisse zu schaffen, sind bestimmte Schritte notwendig: (a) Sammlung von Ideen für Erlebnisse, (b) Eliminierung unpassender Erlebnisse, (c) Konzeptentwicklung und Konzepttest, um die Reaktionen von Konsumenten zu erfassen, (d) Umsetzung des Erlebniskonzepts.
- Um eine glaubwürdige Aufführung zu inszenieren, hilft es, das Geschäft mit einem Theater zu vergleichen. Diese dramaturgische Perspektive des Erlebnismarketings liefert wertvolle Hinweise, worauf es ankommt, um eine gelungene „Show" aufzuführen.
- Theming kann dabei helfen, ein Geschäft von der Konkurrenz abzuheben und es für die Kunden attraktiver und interessanter zu machen – aber nur, wenn das Theming richtig gemacht wird.
- Damit Ihr Theming zum Erfolg wird, beachten Sie „Mickeys 10 Gebote" und die vier Grundpfeiler erfolgreichen Themings: (1) Wahl eines geeigneten Themas, (2) Liebe zum Detail, (3) Authentizität und (4) Einstellung des Personals.

Kapitel 7

Sieben Rezepte für wirksame Ladengestaltung

Manchmal benötigen Sie ganz einfach schnelle Lösungsansätze für Probleme im Laden. Genau das möchten wir Ihnen in diesem Kapitel geben. Hier liefern wir Ihnen kurze und praktische „Rezepte", wie Sie das Kaufverhalten von Konsumenten durch Ladengestaltung und Visual Merchandising gezielt beeinflussen können. Die Zutaten sind Ihnen zum Teil schon aus den anderen Kapiteln bekannt. Wie bei allen guten Rezepten steht es Ihnen aber natürlich frei, sie nach Belieben abzuwandeln, neue Zutaten hinzuzufügen oder einige Rezepte auch ganz wegzulassen. Wir möchten, dass unsere Rezeptesammlung Ihren spezifischen Bedürfnissen entspricht. Gutes Gelingen!

Rezept 1: Verkürzen Sie die wahrgenommene Wartezeit

Hassen Sie es so wie die meisten Konsumenten (einschließlich der Autoren), zu warten? Tatsächlich geben Konsumenten häufig an, dass sie das Warten in Geschäften am meisten stört.[1] Außerdem ist die Wartezeit oft ein wichtiger Faktor bei der Entscheidung, wo eingekauft wird.[2] Leider ist es aber aufgrund von Kapazitätsbeschränkungen und Personalkosten oft unrealistisch, das Warten an den Kassen, der Feinkostabteilung, dem Serviceschalter oder der Umkleidekabine ganz zu eliminieren. Es ist allerdings möglich, die vom Kunden wahrgenommene Wartezeit durch geschickte Ladengestaltung psychologisch zu verkürzen. Dies kann erreicht werden, indem das Warten sowohl unterhaltsam als auch fair gestaltet wird.

Die wahrgenommene Wartezeit lässt sich verringern, indem die Kunden durch Unterhaltung vom Warten abgelenkt werden. Dieses Prinzip wird häufig in den großen Themenparks angewendet. In Walt Disney World in Florida wurde sogar eine unterirdische Kommandozentrale errichtet, von wo aus Mitarbeiter alle Warteschlangen im Park überwachen. Wenn die Wartezeiten zu lang werden, können sie sofort lebensgroße Disney-Figuren oder eine „Move it! Shake it! Celebrate it!" genannte Miniparade ausschicken, um die wartende Menge zu unterhalten oder die Kunden in weniger frequentierte Bereiche des Themenparks zu locken.[3] Ein konventionelleres Beispiel für das gleiche Prinzip sehen Sie in Abb. 7.1. Monitore in der Kassenzone, auf denen Nachrichten, Zeichentrickfilme und Werbung für das Geschäft gespielt werden, machen das Warten erträglicher. Ein Wort der Warnung jedoch: Die Kassenzone ist ein hervorragender Platz für Impulsprodukte. Ist das auf den Monitoren gezeigte Programm zu attraktiv und interessant, werden die Kunden vermutlich an den Kassen weniger Impulskäufe tätigen.

Abb. 7.1. Ein Monitor über der Kasse unterhält wartende Kunden

Die Wartezeit erscheint kürzer, wenn das Warten als fair empfunden wird.[4] In manchen Einkaufssituationen kann das durch ein Ticket-System erreicht werden. So kann etwa in der Feinkostabteilung eines Supermarkts ein Gerät angebracht werden, das sequentiell nummerierte Tickets vergibt. Kunden entnehmen bei ihrem Eintreffen ein Ticket und werden bedient, nachdem ihre Nummer aufgerufen wurde. Bei diesem System kann sich niemand vordrängen und, was noch besser ist, die Kunden müssen nicht unbequem in einer Warteschlange stehen. Moderne Wartenummern-Geräte erlauben es darüber hinaus, die Kunden auf Wunsch einige Minuten bevor sie aufgerufen werden, automatisch per SMS zu benachrichtigen. Damit ist es ihnen auch möglich, in der Zwischenzeit die Wartezone zu verlassen.

Vielleicht geht es ja nur uns so, aber wenn wir uns an den Kassen anstellen, kommt uns immer vor, dass es in den anderen Warteschlangen stets schneller geht. Ob Einbildung oder Realität, unterschiedlich schnelle Warteschlangen werden natürlich als unfair empfunden. Es gibt allerdings eine Lösung. Anstatt mehrerer Warteschlangen, vor jeder Kasse eine, kann auch eine einzelne Warteschlage (Zentralschlange), die sich erst unmittelbar vor den Kassen verzweigt, eingesetzt werden[5] (Abb. 7.2). Dies löst das Problem der unterschiedlich schnellen Schlangen. Unsere Forschung hat ergeben, dass Kunden, die in einer Zentralschlange stehen, das Gefühl haben, dass sie weniger lange warten mussten (obwohl wir durch Zeitmessungen auch festgestellt haben, dass objektiv betrachtet die durchschnittliche Wartezeit in der gemeinsamen Warteschlange und in den parallelen Warteschlangen gleich war). Die subjektiv als kürzer empfundene Wartezeit ist darauf zurückzuführen, dass das Warten in einer Zentralschlange von den Kunden als fairer und gerechter gesehen wurde.[6]

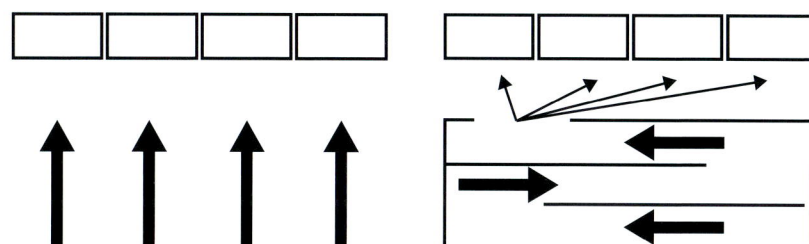

Abb. 7.2.   Verschiedene Arten von Warteschlangen: mehrere Warteschlangen (links) und eine Zentralschlange (rechts)

Rezept 2: Beeinflussen Sie die Preiswahrnehmung der Kunden

Waren Sie schon einmal im Abverkaufsbereich eines Diskontgeschäfts? Dort finden Sie Muscheln neben Bilderrahmen, DVDs auf Gläsern mit Potpourri, Duftkerzen, Kochbücher, Metallhaken, Hundeshampoo und Schachteln mit Süßigkeiten alle im gleichen Regal. Es sieht so aus, als hätte ein Tornado dieses Chaos verursacht. Diese ungeordnete Warenpräsentation mag nicht jedem gefallen, aber sie wird bewusst eingesetzt, da sie sich positiv auf das Niedrigpreisimage der Diskonterketten auswirkt.

Die Ladengestaltung und die Produktpräsentation beeinflussen die Preiswahrnehmung der Kunden. Dabei kann dieser Effekt in beide Richtungen gehen. Produkte können dadurch erschwinglicher erschienen oder aber exklusiver und teurer. Wie ein Produkt wahrgenommen wird, hängt vom Kontext, in dem es präsentiert wird, ab. Wenn in einem Laden ein Niedrigpreisimage vermittelt werden soll, können die folgenden Techniken die Ware günstiger erscheinen lassen:

- Verwendung der Farbkombination Gelb-Rot, da Konsumenten diese mit Sonderangeboten und niedrigen Preisen verbinden.
- Eine einfache und nüchterne Dekoration des Geschäfts.
- Schilder, auf denen sowohl der Preis als auch ein niedrigerer Referenzpreis angegeben sind („Statt € 15 jetzt nur € 7").
- Verwendung sogenannter „gebrochener" Preise auf den Preisschildern (€ 6,99 statt € 7; € 29,95 statt € 30).
- In roter Farbe gedruckte Preise. Studienergebnisse zeigen, dass männliche Konsumenten größere Einsparungen wahrnehmen, wenn der Preis

in roter Farbe präsentiert wird. Frauen hingegen, die Preisinformationen meist systematischer verarbeiten als Männer, werden in ihrer Preiswahrnehmung durch rote Preise nicht beeinflusst.[7]

- Präsentation einer großen Stückzahl einiger weniger Produkte.

Die als Letztes angeführte Technik wird in manchen Geschäften in Form eines „Power Aisle" eingesetzt (Abb. 7.3). Ein Power Aisle ist ein Gang im Laden, in dem eine große Stückzahl einiger weniger Produkte präsentiert wird. In einer Studie hat sich gezeigt, dass diese Produktanhäufung tatsächlich die Preiswahrnehmung beeinflusst und Konsumenten die Produkte im Laden als preisgünstiger wahrnehmen, wenn ein Power Aisle vorhanden ist.[8]

Abb. 7.3. Ein Power Aisle

Wenn hingegen für das Sortiment ein exklusives, hochpreisiges Image gewünscht ist, gibt es ebenfalls Möglichkeiten, dies durch die Ladengestaltung zu erreichen:

- Wenn ein Produkt zusammen mit hochpreisigen Produkten präsentiert wird, erhöht das die wahrgenommene Exklusivität des Produkts.
- Produkte erscheinen luxuriöser oder exklusiver, wenn sie auf einem Sockel oder unter einem Glassturz präsentiert werden.

Durch verschiedene atmosphärische Umweltreize lässt sich ebenfalls ein gehobenes Image schaffen. Beispiele dafür sind die Verwendung von Musik mit hohem Status (klassische Musik oder Jazz) sowie weiche Böden. Es ist aber wichtig, dass alle Reize kongruent sind, denn schon ein einzelner unpassender Umweltreiz kann das exklusive und luxuriöse Image zerstören. Generell gilt in exklusiven Läden die Devise „Weniger ist mehr", denn ein Sortiment wird dann als hochpreisiger wahrgenommen, wenn die Produktdichte geringer ist, wenn also im Laden weniger Produkte pro m^2 Verkaufsfläche präsentiert werden.

Rezept 3: Gehen Sie auf die besonderen Bedürfnisse älterer Konsumenten ein

Von allen demografischen Trends, die das Marketing in der heutigen Zeit beeinflussen, ist die Veränderung in der Altersstruktur der Bevölkerung der wichtigste. Die höhere Lebenserwartung (ein an sich natürlich sehr erfreulicher Trend) gemeinsam mit einer niedrigen Geburtenrate hat erhebliche Auswirkungen auf die Zusammensetzung der Bevölkerung in den meisten industrialisierten Ländern. Die Generation der Babyboomers, also jene große Zahl an Personen die zwischen dem Ende des 2. Weltkriegs und dem Anfang der 1960er-Jahre geboren wurden, wird älter, und in den Vereinigten Staaten wird der Prozentsatz der Personen über 65 Jahre von 13% in 2010 auf 19% in 2030 steigen.[9] Bereits jetzt sind mehr als 40 Millionen Amerikaner 65 Jahre oder älter.[10]

In den meisten westlichen Ländern ist diese Veränderung der Alterspyramide sogar noch stärker ausgeprägt. In Deutschland waren 2013 nach Statistiken der Weltbank 21% der Bevölkerung über 65 und in Japan, dem Spitzenreiter, sogar 25%.[11] Ältere Konsumenten stellen für viele Marketer eine lukrative Zielgruppe dar. Allerdings haben Senioren auch besondere Wünsche und Bedürfnisse, die es zu berücksichtigen gilt.

Während des Alterungsprozesses unterliegt der Körper biologischen Veränderungen. Zum Beispiel kann die Sehschärfe nachlassen, die Wahrnehmung von Farben verändert sich, die Hörleistung kann nachlassen, und die Knochenmasse nimmt ab, um nur einige dieser Veränderungen zu nennen. Nicht bei allen älteren Konsumenten treten diese körperlichen Veränderungen auf und auch nicht im selben Ausmaß. In der Tat gibt es physisch fitte Senioren, die problemlos die körperlichen Leistungen jüngerer Menschen, die eine bewegungsarme Lebensweise führen, übertreffen. Dennoch sollte bei der Ladengestaltung auf mögliche körperliche Beeinträchtigungen und Veränderungen Rücksicht genommen werden.

Ein hilfreiches Werkzeug ist dabei der Age Explorer. Er besteht aus einem Anzug, Handschuhen und einem Helm, der den Träger die physischen Limitationen des Alters am eigenen Leib verspüren lässt. Eine jüngere Person, die den Age Explorer benutzt, kann sich auf einiges gefasst machen, zum Beispiel auf sofortige Arthritisbeschwerden (simuliert durch kleine Nadeln in den Handschuhen), ein eingeschränktes Sichtfeld, Hörprobleme, geringere Muskelstärke und steifere Gliedmaßen. Der Age Explorer ist wirklich eine Art Zeitmaschine, mit der Sie testen können, wie sich eine ältere Person in Ihrem Geschäft wohl fühlen mag. Eine solche Untersuchung in einem Laden ist in Abb. 7.4 dargestellt.

Abb. 7.4. Der Age Explorer im Einsatz in einem Laden

Selbst wenn Sie über keinen Age Explorer verfügen, können Sie dennoch Maßnahmen treffen, um das Einkaufen für ältere Konsumenten einfacher und angenehmer zu machen:

- Verwenden Sie kontrastreiche Farben (idealerweise Rot- und Gelbtöne).
- Stellen Sie sicher, dass die Beleuchtung im Laden möglichst hell ist, aber nicht blendet; am besten setzen Sie indirekte Beleuchtung ein.
- Vermeiden Sie glänzende und reflektierende Oberflächen.
- Verwenden Sie nur rutschfeste Bodenbeläge.
- Große Schrift auf den Schildern im Laden erhöht die Lesbarkeit für alle Kunden.
- Hindernisse und Gefahrenquellen im Geschäft sollten beleuchtet und als solche identifiziert werden.
- Vermeiden Sie steile Treppen.
- Zusätzlich zu Treppen sollten Aufzüge und (langsame) Rolltreppen eingeplant werden.
- Sehen Sie im gesamten Bereich Sitzbereiche vor.
- Die Hintergrundmusik sollte für ältere Konsumenten eher leise sein.

Welche Maßnahmen Sie auch immer treffen, vermeiden Sie es, ältere Konsumenten zu stereotypisieren. Interessanterweise fühlen sich die meisten Konsumenten in der Altersgruppe der über 60-Jährigen deutlich jünger als sie tatsächlich sind. In einer Studie unter gesunden älteren Konsumenten (jenen, die in Ihrem Geschäft einkaufen würden) haben wir gefunden, dass das kognitive Alter (also das subjektiv empfundene Alter) erstaunlicherweise im Durchschnitt 12 Jahre unter dem biologischen Alter liegt.[12] Berücksichtigen Sie diese Ergebnisse, wenn Sie mit älteren Konsumenten – zum Beispiel durch Grafiken im Geschäft – kommunizieren. Die auf solchen Plakaten zu sehenden Models sollten nach Möglichkeit 10 bis 15 Jahre jünger als die Zielgruppe sein. Ältere Konsumenten können für viele Handels- und Dienstleistungsbetriebe eine sehr profitable Zielgruppe sein – aber nur, wenn ihre besonderen Bedürfnisse und Interessen berücksichtigt und respektiert werden.

Rezept 4: Halten Sie Kunden länger im Geschäft

Je länger sich ein Kunde im Laden aufhält, desto größer ist die Wahrscheinlichkeit, dass er einen (zusätzlichen) Kauf tätigt. Es stellt sich daher die Frage, welche Maßnahmen gesetzt werden können, damit Kunden länger bleiben. Die Gestaltung des Verkaufsraums hat einen großen Einfluss darauf, ob der Kunde das Sortiment länger als ursprünglich geplant durchstöbert. Um Kunden länger im Laden zu halten, können Sie zahlreiche Maßnahmen setzen:

- Reduzieren Sie die Gehgeschwindigkeit. Kunden gehen langsamer, wenn die Hintergrundmusik langsam und der Boden, auf dem sie gehen, weich ist.
- Passen Sie die Musik an die Zielgruppe an. Musik, mit der sie nicht vertraut sind, veranlasst Konsumenten dazu, das Geschäft bald wieder zu verlassen. Setzen Sie zum Beispiel in einer gehobenen Vinothek klassische Musik und in einem Modegeschäft für junge Konsumenten Hitparadenmusik ein.
- Vermeiden Sie eine Überfüllung des Geschäfts. Kunden verlassen den Laden schnell wieder, wenn er überfüllt ist. Stellen Sie daher sicher, dass genügend Platz verfügbar ist, um Crowding zu vermeiden.
- Unterhalten Sie die Begleitpersonen Ihrer Kunden. Platzieren Sie in der Nähe von Umkleidekabinen oder anderen Plätzen, an denen Begleitpersonen warten müssen, bequeme Sitzgelegenheiten und stellen Sie Magazine und sonstige Unterhaltungsmöglichkeiten zur Verfügung, damit sich die Partner oder Freunde Ihrer Kunden nicht langweilen. Eine überwachte Sitzecke ermöglicht Eltern einen entspannten und sorgenfreien Einkauf.
- Kommunizieren Sie den Kunden, dass sie etwas versäumen wenn sie nicht alle Bereiche des Ladens besuchen. Dies können Sie durch einen geschickt gestalteten Loop oder durch In-Store-Grafiken erreichen. Emotionale Bilder dienen als Blickfang, um Kunden in weniger frequentierte Bereiche des Geschäfts zu locken.
- Stellen Sie sicher, dass sich die Kunden wohlfühlen. Schaffen Sie Erholungszonen wie z.B. ein Café im Laden. Aber auch Kundentoiletten, Wasserspender und sonstige Einrichtungen für die Kunden tragen zu diesem Zweck bei.

- Setzen Sie, wenn Ihre Kunden gestresst sind, deaktivierende Reize ein. Das kann zum Beispiel durch Wasser, Pflanzen und Verwendung der Farben Grün oder Blau geschehen.
- Schaffen Sie Zonen, in denen die Kunden Produkte ausprobieren können. In einem Musikgeschäft beispielsweise möchten sich Kunden Musikstücke oft erst anhören, bevor sie diese kaufen.

Welche Maßnahmen Sie auch immer einsetzen, die Kunden einfach nur länger im Laden zu halten reicht nicht aus. Nur wenn die Konsumenten während dieser Zeit zusätzlichen Produktkontakt haben, wirkt sich das in zusätzlichen Käufen aus.

Rezept 5: Lösen Sie Impulskäufe aus

Wer kennt sie nicht, die stillen Verführer, die an der Supermarktkasse durch ihre bloße Präsenz dazu verleiten, dass wir uns nach dem Einkauf belohnen? Süßigkeiten, Snacks oder Magazine sind Produkte, die sich gut dazu eignen, in der Kassenzone Impulskäufe auszulösen, und sind daher die letzte Chance auf zusätzliche Käufe, bevor der Kunde das Geschäft verlässt. In einer Umfrage in den USA gaben 60% der befragten Konsumenten an, dass sie Produkte aus einer Laune heraus gekauft haben. Interessanterweise waren die gekauften Waren nicht gerade billig. Im Durchschnitt machte der letzte Impulskauf $108 aus, ein doch ganz erheblicher Betrag.[13]

Dieser Betrag wird natürlich nicht nur durch Impulskäufe an den Kassen erwirtschaftet. Vielmehr ist es im Interesse des Handels, Spontankäufe im gesamten Laden zu forcieren. Hier sind einige Vorschläge, wie Sie das bewerkstelligen können:

- *Einsatz von Displays.* Sowohl Präsentationsdisplays, die Kunden über Produktvorteile informieren (z.B. die Hautfreundlichkeit einer Bodylotion), und Produktdisplays, die die Aufmerksamkeit von Kunden auf das Produkt lenken, können eingesetzt werden. Bestimmte Arten von Läden wie zum Beispiel Lebensmittelgeschäfte können darüber hinaus Stände aufstellen, an denen Produktproben ausgegeben werden. Nicht nur werden dem Kunden dadurch die Produktvorteile demonstriert, sondern vielmehr kommt auch noch das Reziprozitätsprinzip der sozialen Beeinflussung zur Anwendung: Der Konsument erhält in Form der Produktprobe eine Art kleines „Geschenk" und fühlt sich dadurch unter Umständen veranlasst, diese Geste zu erwidern, indem er einen Kauf tätigt.[14]
- *Verwendung ungewöhnlicher, neuartiger und kontrastreicher Reize.* Im Gegensatz zu geplanten Käufen suchen Kunden nicht bewusst nach Impulsprodukten. Es sind daher besondere Anstrengungen nötig, die Aufmerksamkeit der Konsumenten auf Impulsprodukte zu lenken. Dies kann dadurch geschehen, dass Zonen mit Impulsprodukten durch auffälligere Farben,[15] zusätzliche Beleuchtung oder ungewöhnliche Dekorationen hervorgehoben werden. Beachten Sie jedoch, dass sich die Produkte, die Sie als

Impulsprodukte promoten, zu diesem Zweck geeignet sein müssen. Es hilft nicht, die Aufmerksamkeit des Käufers zu erlangen, wenn das Produkt von den meisten Kunden nicht spontan gekauft würde. Wir haben diese Lektion gelernt, als wir einmal ein innovatives Produktdisplay für einen Klienten entwickelten. Immer wenn ein Kunde an diesem Display vorbeiging, hörte er eine Stimme, die „Pssst!" flüsterte. Das Produktdisplay erregte große Aufmerksamkeit. Die Auswirkungen auf den Umsatz waren hingegen gering. Was war das Problem? Das verwendete Produkt – Socken. In dem Geschäft in dem wir unser Display ausprobierten, wurden Socken einfach nicht spontan gekauft. Allerdings wird dieses Display mittlerweile für andere Produkte eingesetzt, und bei diesen hat sich die Erregung von Aufmerksamkeit durch ein unerwartetes Geräusch tatsächlich positiv auf den Umsatz ausgewirkt.

- *Verbales Prompting.* Vor einiger Zeit führen wir eine Studie durch, um herauszufinden, wie sich Impulskäufe in Fastfood-Restaurants steigern lassen. Wir instruierten dazu die Verkäufer, die Kunden zu fragen, ob sie zu ihrer Hauptspeise eine Beilage wünschten. Zum Beispiel: „Möchen Sie Kartoffelsalat dazu bestellen?" Durch diese Vorschläge gelang es uns, die Bestellungen von Beilagen erheblich zu steigern.[16] Verbales Prompting kann auch im Handel eingesetzt werden. Bei Interaktionen zwischen den Kunden und den Verkäufern oder dem Kassenpersonal können diese ein (griffbereites) Sonderangebot oder ein neues Produkt vorschlagen. Zusätzlich kann Prompting auch durch visuelle Signale erfolgen. Zum Beispiel können Schilder darauf hinweisen, welche Produkte zueinanderpassen (z.B. ein Bild in der Nähe eines Sofas, auf dem zu sehen ist, welche Kissen zum Sofa passen).

- *Präsentation von Produkten mit passenden Zusatzprodukten.* Durch eine Verbundpräsentation können Sie Kunden zeigen, welche Produkte zusammenpassen bzw. gemeinsam verwendet werden können. So wird etwa ein Kunde, der plant, Weingläser zu kaufen, unter Umständen auch noch zusätzlichen Tischschmuck kaufen, wenn die Produkte in ansprechender Form gemeinsam präsentiert werden.

- Es gibt bei Impulskäufen allerdings auch eine problematische Seite. In einer Studie unter Frauen, die Einkäufe in Drogeriemärkten tätigten, gaben 35% an, dass Impulskäufe, die sie in den letzten 12 Monaten getätigt hatten, bereits bereuten.[17] Es ist daher notwendig, Maßnahmen zu setzen, um die kognitive Dissonanz, also die Zweifel, die nach einem Impulskauf auftreten können, zu zerstreuen. Dies kann beispielsweise geschehen, indem das Personal den Kunden in seiner Kaufentscheidung bestätigt oder indem diese Bestätigung in schriftlicher Form auf einem Zettel in der Verpackung erfolgt: „Gratulation zu Ihrem Kauf – mit diesem Lippenstift haben Sie die beste Wahl getroffen."

Rezept 6: Einkaufserleichterungen, die Ihren Kunden signalisieren, dass Sie um sie bemüht sind

In diesem Abschnitt unserer Rezeptsammlung finden Sie kein ganzes Rezept, vielmehr haben wir eine Liste zusammengestellt, die als Ausgangspunkt dazu dienen kann, Ihren Kunden den Einkauf ein wenig zu erleichtern (Tabelle 7.1). Finden Sie heraus, welche davon Sie mit vertretbaren Kosten in Ihrem Geschäft oder Einkaufszentrum einsetzen können. Dann lassen Sie sich von dieser Liste inspirieren und überlegen Sie sich, welche zusätzlichen Einkaufserleichterungen Sie Ihren Kunden zu Verfügung stellen könnten.

Aufzug	Plastikhüllen für Schirme
Beschilderter Treffpunkt für Kunden	Preisscanner
Café im Laden	Rampen für Behinderte
Desinfektionstücher für Einkaufswägen	Restaurant
Einkaufskörbe	Rolltreppe
Elektromobile für Senioren	Rufknopf, um Verkäufer zu rufen (siehe Abb. 7.5)
Elektronische Hochzeitsliste	Schließfach für Taschen
Gerät zur Ausgabe von Wartetickets	Selbstbedienungskassen
Geregelte Warteschlange	Sitzgelegenheiten im Geschäft
Getränkeautomaten	Spielecke für Kinder
Hundeecke	Telefon
Informationsstand	Trinkbrunnen
Interaktiver Informationsbildschirm	Übersichtsplan
Internetzugang über WLAN	Umkleidekabine
Kundenparkplatz	Vergrößerungsglas am Regal
Kundentoilette	Videospiele
Ladenspezifische Smartphone-App	Wartezonen für Begleitpersonen
Plastikhandschuhe, um Waren anzugreifen	Wickeltisch

Tab. 7.1. Einkaufserleichterungen für Kunden

Abb. 7.5. Ein Rufknopf, um Verkäufer herbeizuholen

Rezept 7: Versetzen Sie Ihre Kunden in einen Flow-Zustand

Was haben alle diese Personen gemeinsam?

- Ein Bergsteiger, der eine herausfordernde Kletterroute meistert? (Abb. 7.6)
- Ein Schachmeister, der in ein schwieriges Spiel vertieft ist?
- Ein begeisterter Klavierspieler, der mit Leidenschaft ein anspruchsvolles Stück am Piano spielt?
- Ein Gamer, der stundenlang ein Computerspiel spielt?
- Ein Marketingexperte, der bis in die frühen Morgenstunden an einem Buch über Ladengestaltung schreibt?

Sie alle befinden sich in einem Flow-Zustand. Dem Psychologen Mihaly Csikszentmihalyi zufolge geraten Menschen in einen Flow-Zustand, wenn sie in eine sie erfüllende Aktivität völlig versunken sind. Wenn wir Flow erleben, konzentrieren wir uns völlig auf unsere Tätigkeit. Menschen im Flow erleben zudem ein Glücksgefühl. Flow ist allerdings kein passives Vergnügen wie das Betrachten eines interessanten Films oder der Genuss eines guten Glases Wein. Um Flow, ein viel intensiveres Glücksgefühl, zu erleben, muss die Person notwendigerweise aktiv und in eine Tätigkeit involviert sein. Flow entsteht, wenn wir eine Aufgabe meistern, für die wir die entsprechenden Fähigkeiten besitzen. Die richtige Balance zwischen Herausforderung und Fähigkeiten ist wichtig, und ebenso wichtig ist klares und direktes Feedback. Wenn wir uns im Flow befinden, sind wir beschwingt, fühlen, dass wir eine Leistung vollbracht haben, und verlieren dabei oft das Zeitgefühl.[18]

Abb. 7.6.   Sportler, ein Sportartikelgeschäft in Treviso, stellt den Kunden eine Kletterwand zur Verfügung – eine hervorragende Möglichkeit, um Kunden in einen Flow-Zustand zu versetzen

Es wäre unrealistisch, zu erwarten, dass alle Kunden jederzeit Flow erleben können, wenn sie in einem Geschäft sind, ganz egal, wie professionell der Laden auch gestaltet wurde. Wir können allerdings bestimmte Maßnahmen ergreifen, um die Wahrscheinlichkeit, dass Kunden Flow verspüren, zu erhöhen. Schließlich kann das Einkaufen bisweilen durchaus vergnüglich und auch herausfordernd sein: Ein perfektes Geschenk für eine uns nahestehende Person zu finden oder auf einem Flohmarkt nach einer Antiquität zu suchen, die den Blicken aller anderen Käufer verborgen blieb, sind nur zwei Aktivitäten die bei Konsumenten zu Flow führen können.

Sehen wir uns am Beispiel eines Möbelgeschäfts an, wie Elemente, die zu Flow führen, in einen Laden integriert werden können:[19]

1. Nach dem Betreten des Geschäfts sehen die Konsumenten Schließfächer für Taschen und eine überwachte Spielecke für Kinder. Diese befreien die Kunden von Ablenkungen und erlauben es ihnen, die für sie optimalen Produkte zu finden.
2. Die Produkte werden im Verbund (als Teil vollständig eingerichteter Wohnräume) anstatt nach Produktkategorien geordnet präsentiert. Dadurch werden die Kunden angeregt, sich mit zusammenpassenden Produkten gedanklich auseinanderzusetzen.
3. Auf Computer-Arbeitsplätzen können Kunden mithilfe einfacher, intuitiv zu bedienender Software die Innenausstattung ihrer Räume planen und dabei ihrer Kreativität freien Lauf lassen. Mitarbeiter stehen, wenn nötig, beratend zur Seite.
4. Schilder ermuntern Kunden dazu, verschiedene Möbel und Dekorationselemente kreativ zu kombinieren und dabei ihre eigenen Vorstellungen auszudrücken.
5. In der Fundgrube vor der Kassenzone haben Kunden eine weitere Möglichkeit, ihr Geschick als Konsumenten zu beweisen, indem sie hier nach Sonderangeboten zu deutlich reduzierten Preisen suchen können.
6. Am Ende der Einkaufstour können die Konsumenten ihre Möbel in einem Mietfahrzeug selbst nach Hause fahren und auch selbst montieren und aufstellen oder aber die Lieferung und Montage von Mitarbeitern des Geschäfts durchführen lassen.

Vielleicht lassen sich einige dieser Anregungen auch in Ihrem Geschäft umsetzen, um Ihre Kunden in Flow zu versetzen.

Das Wichtigste in Kürze

Hier sind die wichtigsten Erkenntnisse aus diesem Kapitel:
- Kunden hassen es zu warten. Machen Sie sie glücklich (und erhöhen Sie die Profitabilität Ihres Geschäfts), indem Sie die von den Kunden subjektiv wahrgenommene Wartezeit – durch Unterhaltungsmöglichkeiten und die Erhöhung der wahrgenommenen Fairness – beeinflussen.
- Verwenden Sie Techniken der Ladengestaltung und Warenpräsentation, um die Preiswahrnehmung von Kunden zu beeinflussen.

- Gestalten Sie Ihren Laden so, dass er den besonderen Bedürfnissen älterer Konsumenten entgegenkommt. Damit erhöhen Sie die Zugänglichkeit und den Komfort für alle Kunden.
- Verwenden Sie Techniken der Ladengestaltung, um Kunden länger im Geschäft zu halten. Dies kann zu einer Erhöhung des Umsatzes führen.
- Viele Kaufentscheidungen werden erst im Laden getroffen. Gestalten Sie Ihren Laden so, dass er ungeplante Käufe und insbesondere Impulskäufe begünstigt.
- Überlegen Sie sich, welche Einkaufserleichterungen Sie anbieten können, um das Einkaufen für Ihre Kunden einfacher und angenehmer zu machen.
- Setzen Sie die Ladengestaltung ein, um Ihre Kunden in einen Flow-Zustand zu versetzen.

Endnoten

Einleitung

1. Morin (1983).

Kapitel 1

1. Packard (1958), 134.
2. Ebster, Koppler, Rath, & Reiterer (2010).
3. Underhill (1999).
4. Underhill (1999).
5. Underhill (1999).
6. Groeppel-Klein & Bartmann (2009).
7. Underhill (1999), 17.
8. Hall (1990).
9. Ebster, Wagner, & Valis (2006).
10. Berman & Evans (2007).
11. Bajaj, Srivastava, & Tuli (2005).
12. Berman & Evans (2007).
13. Wagner, Ebster, Eske, & Weitzl (2014).
14. Kreft (1993).
15. Lewison (1991).
16. Barr & Broudy (1986).
17. Henderson & Hollingworth (1999).
18. Magee (2010).
19. Packaging Research (1983).
20. Sanders (1963).
21. Ebster, Wagner, & Neumueller (2009).
22. Chandon, Hutchinson, Bradlow, & Young (2009).
23. Chandon, Hutchinson, Bradlow, & Young (2009).
24. Sorensen (2009).
25. Sorensen (2009).
26. Deherder & Blatt (2010).
27. Phillips & Bradshaw (1993).

Kapitel 2

1. Wal-Mart (2010).
2. Tolman (1984).
3. Lynch (1960).
4. Sommer & Aitkens (1982).
5. Golledge (2004).
6. Grossbart & Rammohan (1981).
7. Berger (2005).
8. Miller (1956).

9.   Carroll (2010).

10. Bix (2002).

11. Illiteracy (2007); Grotlüschen & Riehmann (2011).

12. Blackwood (2002).

13. Paivio (1991).

14. Childers and Houston (1984); Groeppel-Klein & Germelmann (2003).

15. Gifford (1997).

16. Solomon, Bamossy, Askegaard, & Hogg (2006).

Kapitel 3

1.   Churchill (1943).

2.   Moore, Doherty, & Doyle (2010).

3.   Storefronts (1996).

4.   Citrin, Stem, Spangenberg, & Clark (2003).

5.   Van der Waerden, Borgers, & Timmermans (1998).

6.   Citrin, Stem, Spangenberg, & Clark (2003).

7.   Falk (2003).

8.   Kardes, Cline, & Cronley (2011).

9.   Dabholkar, Bobbitt, & Lee (2003).

10. Lovelock & Wirtz (2011); Mills (o.J.).

11. Dabholkar, Bobbitt, & Lee (2003).

12. Dolliver (2009).

13. Mikunda (2006).

14. Taylor (2004).

15. Taylor (2004).

16. Haarlander (2001).

17. Falk (2003).

18. Haarlander (2001); Meyer, Harris, Kohns, Stone, & Ashmun (1988).

19. Falk (2003).

20. Taylor (2004).

21. Haarlander (2001); Meyer, Harris, Kohns, Stone, & Ashmun (1988).

22. O'Connell (2008).

23. Buttle (1984).

24. Sen, Block, & Chandran (2002).

25. Falk (2003).

26. O'Shea (2003).

27. Falk (2003).

28. Sen, Block, & Chandran (2002).

29. Bolen (1988).

30. Falk (2003).

31. Buttle (1984).

32. Buber, Ruso, & Gadner (2006).

33. Falk (2003).

34. Falk (2003), 74.

35. Kotler & Armstrong (2010).

36. Bolen (1988).
37. Karana, Hekkert, & Kandachar (2009).
38. Ebster, Wagner, & Geider (2008).
39. Turley & Milliman (2000).
40. Citrin, Stem, Spangenberg, & Clark (2003).
41. Wedel & Pieters (2008).
42. Araba (2004); Karana (2010); Karana, Hekkert, & Kandachar (2009); Wedel & Pieters (2008).
43. Wedel & Pieters (2008).
44. Buttle (1984).
45. Vence (2007).
46. Lash (1998).
47. Lash (1998).
48. McKinnon, Kelly, & Robison (1981).
49. Sands (1984).
50. Chandon, Hutchinson, Bradlow, & Young (2009).
51. Mills (o.J.).
52. Mills (o.J.).
53. Meyers-Levy & Zhu (2007).
54. Catchpole (1995).
55. Hornik (1992).
56. Tips (1995).
57. Wedel & Pieters (2008).
58. Grewal, Baker, Levy, & Voss (2003).
59. Barbaro (2007).
60. Levy & Weitz (2009).
61. Dabholkar, Bobbitt, & Lee (2003).

Kapitel 4

1. Allenby & Lenk (1995).
2. Depaoli (1992).
3. Kardes, Cline, & Cronley (2011).
4. Iyengar (2010).
5. Iyengar & Lepper (2000).
6. Kowitt (2010).
7. Bhalla & Anuraag (2010).
8. Bastow-Shoop, Zetocha, & Passewitz (1991).
9. Bastow-Shoop, Zetocha, & Passewitz (1991).
10. Bhalla & Anuraag (2010).
11. Colborne (1996).
12. Bellenger, Robertson, & Hirschman (1978).
13. Abrahams (1997).
14. Groeppel (1991).
15. Groeppel (1991).
16. Ebster & Jandrisits (2003).

17. Bhalla & Anuraag (2010).
18. Wilkie (1994).
19. Wilkie (1994).
20. Bost (1987).
21. Kroeber-Riel (1993).
22. Booker (2004).
23. Traindl (2007).
24. Ebster & Reisinger (2005).
25. Berlyne (1971).
26. Veryzer & Hutchinson (1998).
27. Bhalla & Anuraag (2010).
28. Bell & Ternus (2002).
29. Bell & Ternus (2002).
30. Bell & Ternus (2002).
31. Curhan (1974).
32. Kahn & Wansink (2004).
33. Wertheimer (1922).
34. Bell & Ternus (2002).
35. Crowley (1991).
36. Wertheimer (1922).
37. Depaoli (1992).
38. Reynolds (2012).
39. Schwarz (2004).
40. Orth & Wirtz (2014).
41. Orth & Wirtz (2014).

Kapitel 5

1. Baker, Grewal, & Parasuraman (1994).
2. Turley & Milliman (2000).
3. Mehrabian & Russell (1974).
4. Russell & Mehrabian (1976).
5. Donovan & Rossiter (1982).
6. Baker, Grewal, & Levy (1992).
7. Berlyne (1971).
8. Bost (1987).
9. Donovan, Rossiter, Marcoolyn, & Nesdale (1994).
10. Spies, Hesse, & Loesch (1997).
11. Donovan & Rossiter (1982); Spies, Hesse, & Loesch (1997).
12. Donovan, Rossiter, Marcoolyn, & Nesdale (1994).
13. Donovan & Rossiter (1982).
14. Donovan & Rossiter (1982); Spies, Hesse, & Loesch (1997).
15. Chebat, Chebat, & Vaillant (2001).
16. Milliman (1986).
17. Yalch & Spangenberg (1990).
18. Milliman (1982).

19. Milliman (1982).
20. Sweeney & Wyber (2002).
21. Areni & Kim (1993).
22. Yalch & Spangenberg (1990).
23. Yalch & Spangenberg (1988).
24. Chebat, Chebat, & Vaillant (2001); Stratton & Zalanowski (1984)
25. MacInnis & Park (1991).
26. Glamser (1990).
27. Kubota (2009).
28. Brookes (2005).
29. Wilkie (1995).
30. Haugtvedt, Herr, & Kardes (2008).
31. Burling (2006).
32. Ebster & Jandrisits (2003).
33. Burling (2006).
34. Spangenberg, Crowley, & Henderson (1996).
35. Hirsch (1995).
36. Ebster & Jandrisits (2003).
37. Chebat & Michon (2003).
38. Doucé, Poels, Janssens, & De Backer (2013).
39. Pepper (1993).
40. Herrmann, A., Zidansek, M., Sprott, D. E., & Spangenberg, E. R. (2013).
41. Chebat & Michon (2003).
42. Ebster & Kirk-Smith (2005).
43. Russell & Mehrabian (1976).
44. Biner, Butler, Fischer, & Westergren (1989).
45. Zhong, Lake, & Gino (2010).
46. Areni & Kim (1994).
47. Summers (2001).
48. Barr & Broudy (1986).
49. Wilson (1984).
50. Haans (2014).
51. Barr & Broudy (1986).
52. Exhibit (1996).
53. Schauss (1979).
54. Alter (2013).
55. Bellizzi, Crowley, & Hasty (1983).
56. Crowley (1993).
57. Babin, Hardesty, & Suter (2003).
58. Crowley (1993).
59. Bellizzi, Crowley, & Hasty (1983).
60. Crowley (1993).
61. Crowley (1993).
62. Machleit, Eroglu, & Mantel (2000).

63. Hui & Bateson (1991).
64. Harrell, Hutt, & Anderson (1980).
65. Mitchell, Kahn, & Knasko (1995).
66. Ebster & Jandrisits (2003).
67. Mattila & Wirtz (2001).
68. Baker, Drewel, & Levy (1992).
69. Mattila & Wirtz (2001).
70. Machleit, Eroglu, & Mantel (2000).

Kapitel 6

1. Grewal, Levy, & Kumar (2009).
2. Smilansky (2009).
3. Bellizzi & Hite (1992).
4. Arnold & Reynolds (2003); Batra & Ahtola (1991).
5. Arnold & Reynolds (2003); Babin, Darden, & Griffin (1994).
6. Forsythe & Bailey (1996).
7. Arnold & Reynolds (2003).
8. Pine & Gilmore (1999).
9. Buss (2002), 82.
10. Falk (2003).
11. Leonard (2008). 12. O'Neill (2009).
13. Oldenburg (1999), 14–17.
14. Ebster (2009).
15. Granbois (1968).
16. Borges, Chebat, & Babin (2010).
17. Penn & Zalesne (2007).
18. Dodes (2005).
19. Clarke (2005).
20. Dunn, Aknin, & Norton (2008).
21. Gone tomorrow (2009).
22. Weinberg (1992).
23. Shakespeare (2009), 38.
24. Goffman (1959).
25. Lovelock and Morgan (1996), 133.
26. Grove and Fisk (1983).
27. McGoun, Dunkak, Bettner, & Allen (2003).
28. Mitrasinovic (1998).
29. Henderson (1999).
30. Bryman (2004).
31. Nation (1998).
32. Spector (1999).
33. Bryman (2004).
34. Dunlop (1996); Mongello (2006).
35. Schmitt & Simonson (1997).
36. Alcorn (2010).

37. Trilling (1972).
38. Eco (1986).
39. Ebster & Guist (2005).

Kapitel 7

1. Casey (2004).
2. Doyle (2003).
3. Barnes (2010).
4. Maister (1984).
5. Lovelock & Wirtz (2011).
6. Ebster (2006).
7. Puccinelli, Chandrashekaran, Grewal, & Suri, R. (2013).
8. Smith & Burns (1996).
9. Vincent & Velkoff (2010).
10. Vincent & Velkoff (2010).
11. The World Bank (2013).
12. Ebster, Wagner, & Sperl (2011).
13. Dolliver (2009).
14. Cialdini (2008).
15. Rook & Hoch (1985).
16. Ebster, Wagner, & Valis (2006).
17. Dolliver (2009).
18. Csikszentmihalyi (1990).
19. Drott (2006).

Literaturverzeichnis

Abrahams, B. (1997). It's all in the mind. Marketing, 27, 31–33.

Alcorn, S. (2010). Theme park design. Orlando, FL: Theme Perks Inc.

Allenby, G. M., & Lenk, P. J. (1995). Reassessing brand loyalty, price sensitivity, and merchandising effects on consumer brand choice. Journal of Business & Economic Statistics, 13(3), 281–289.

Alter, A. (2013). Drunk tank pink: and other unexpected forces that shape how we think, feel and behave. New York: The Penguin Press.

Angermann, E. (Ed.). (1989). Das Handbuch der Marktforschung. Wien: Signum.

Araba, K. C. (2004, March 2). Material's central role in product personality. Industry Market Trends. Retrieved from http://news.thomasnet.com/ IMT/ archives/2004/03/materials_centr.html.

Areni, C. S., & Kim, D. (1993). The influence of background music on shopping behavior: Classical versus top-forty music in a wine store. Advances in Consumer Research, 20, 336–340.

Areni, C. S., & Kim, D. (1994). The influence of in-store lighting on consumers' examination of merchandise in a wine store. International Journal of Marketing, 11(2), 117–127.

Arnold, M. J., & Reynolds, K. E. (2003). Hedonic shopping motivations. Journal of Retailing, 79(2), 77–95.

Babin, B. J., Darden, W. R., & Griffin, M. (1994). Work and/or fun: Measuring hedonic and utilitarian shopping value. The Journal of Consumer Research, 20(4), 644–656.

Babin, B. J., Hardesty, D. M., & Suter, T. A. (2003). Color and shopping intentions: The intervening effect of price fairness and perceived affect. Journal of Business Research, 56(7), 541–551.

Bajaj, C., Srivastava, N. V., & Tuli, R. (2005). Retail management. New Delhi: Oxford University Press.

Baker, J., Grewal, D., & Levy, M. (1992). An experimental approach to making retail store decisions. Journal of Retailing, 68(4), 445–460.

Baker, J., Grewal, D., & Parasuraman, A. (1994). The influence of store environment on quality inferences and store image. Journal of the Academy of Marketing Science, 22(4), 328–339.

Barbaro, M. (2007, June 23). A long line for a shorter wait at the supermarket. The New York Times, 1.

Barnes, B. (2010, December 28). Disney technology tackles a theme-park headache: Lines. The New York Times, 1.

Barr, V., & Broudy, C. E. (1986). Designing to sell: A complete guide to retail store planning and design. New York, NY: McGraw-Hill.

Bastow-Shoop, H., Zetocha, D., & Passewitz, G. (1991). Visual merchandising: A guide for small retailers. Ames, IA: North Central Regional Center for Rural Development.

Batra, R., & Ahtola, O. T. (1991). Measuring the hedonic and utilitarian sources of consumer attitudes. Marketing Letters, 2(2), 159–170.

Bell, J. A., & Ternus, K. (2002). Silent selling: Best practices and effective strategies in visual merchandising (2nd ed.). New York, NY: Fairchild Publications.

Bellenger, D. N., Robertson, D. H., & Hirschman, E. C. (1978). Impulse buying varies by product. Journal of Advertising Research, 18(6), 15–18.

Bellizzi, J. A., Crowley, A. E., & Hasty, R. W. (1983). The effects of color in store design. Journal of Retailing, 59(1), 21–45.

Bellizzi, J. A., & Hite, R. E. (1992). Environmental color, consumer feelings and purchase likelihood. Psychology & Marketing, 9(5), 347–363.

Berger, C. (2005). Wayfinding: Designing and implementing graphic navigational systems. Mies, Switzerland: RotoVision.

Berlyne, D. E. (1971). Aesthetics and psychobiology. New York, NY: Appleton- Century-Croft.

Berman, B., & Evans, J. R. (2007). Retail management: A strategic approach (10th ed.). Upper Saddle River, NJ: Pearson/Prentice Hall.

Bhalla, S., & Anuraag, S. (2010). Visual merchandising. New Delhi: Tata McGraw-Hill.

Biner, P. M., Butler, D. L., Fischer, A. R., & Westergren, A. J. (1989). An arousal optimization model of lighting level preferences: An interaction of social situation and task demands. Environment and Behavior, 21(1), 3–16.

Bix, L. (2002, Spring). The elements of text and message design and their impact on message legibility: A literature review. Journal of Design Communication. Retrieved from http://scholar.lib.vt.edu/ejournals/JDC/ Spring-2002/bix.html.

Blackwood, A. (2002). Good signs. Buildings, 96(10), 2.

Bolen, W. H. (1988). Contemporary retailing (3rd ed.). Englewood Cliffs, NJ: Prentice Hall.

Booker, C. (2004). The seven basic plots: Why we tell stories. London, UK: Continuum.

Borges, A., Chebat, J.-C., & Babin, B. J. (2010). Does a companion always enhance the shopping experience? Journal of Retailing and Consumer Services, 17(4), 294–299.

Bost, E. (1987). Ladenatmosphäre und Konsumentenverhalten. Konsum und Verhalten. Heidelberg: Physica-Verlag.

Brookes, B. (2005, June 17). Double standards: "Don't call in-store radio background noise." Campaign, 14.

Bryman, A. (2004). The Disneyization of society. Thousand Oaks, CA: Sage.

Buber, R., Ruso, B., & Gadner, J. (2006). Evolutionäres Design von Verkaufsräumen: Wasser, Pflanzen, Tier und Sichtschutz als verhaltenssteuernde Gestaltungselemente. In P. Schnedlitz, R. Buber, T. Reutterer, A. Schuh, & C. Teller (Hg.), Innovationen in Marketing und Handel (361–378). Wien: Linde Verlag.

Burling, S. (2006, October 30). Shopper study: Do smells sell? The Philadelphia Inquirer, D01.

Buss, D. (2002, January 28). Dealers make showrooms an "experience." Automotive News, 82.

Buttle, F. (1984). Retail space allocation. International Journal of Physical Distribution & Materials Management, 14(4), 3–23.

Carroll, M. J. (2010). Design resources: DR-11 text legibility and readability of large format signs in buildings and sites. Buffalo, NY: Center for Inclusive Design and Environmental Access, University of Buffalo.

Casey, B. (2004). Convenience intensifies cross-channel competition. Drug Store News, 26(2), 16.

Catchpole, K. (1995, February). The great mirror mystery. Allure. Retrieved from http://www.truemirror.com/press/html%5Ctmc_allure.0295.asp.

Chandon, P., Hutchinson, J. W., Bradlow, E. T., & Young, S. H. (2009). Does in-store marketing work? Effects of the number and position of shelf facings on brand attention and evaluation at the point of purchase. Journal of Marketing, 73(6), 1–17.

Chebat, J.-C., Chebat, C. G., & Vaillant, D. (2001). Environmental background music and in-store selling. Journal of Business Research, 54(2), 115–123.

Chebat, J.-C., & Michon, R. (2003). Impact of ambient odors on mall shoppers' emotions, cognition, and spending: A test of competitive causal theories. Journal of Business Research, 56(7), 529–539.

Childers, T. L., & Houston, M. J. (1984). Conditions for a picture-superiority effect on consumer memory. The Journal of Consumer Research, 11(2), 643–654.

Churchill, W. S. (1943, October 28). Speech to the House of Commons.

Cialdini, R. B. (2008). Influence: Science and practice (5th ed.). Boston, MA: Allyn and Bacon.

Citrin, A. V., Stem, D. E., Spangenberg, E. R., & Clark, M. J. (2003). Consumer need for tactile input: An internet retailing challenge: Strategy in e-marketing. Journal of Business Research, 56(11), 915–922.

Clarke, J. (2005). The four S's of experience gift giving behaviour. Hospitality Management, 26(1), 98–116.

Colborne, R. (1996). Visual merchandising: The business of merchandise presentation. Albany, NY: Delmar Publishers.

Cooper, L. (2010, October 7). Point of purchase: Bright ideas on final steps of purchase path. Marketing Week. Retrieved from http://www.marketingweek.co.uk/analysis/features/bright-ideas-on-final-steps-of-purchase-path/3018978.article.

Cornelius, B., Natter, M., & Faure, C. (2010). How storefront displays influence retail store image. Journal of Retailing and Consumer Services, 17(2), 143–151.

Crowley, A. E. (1991). The golden section. Psychology & Marketing, 8(2), 101–116.

Crowley, A. E. (1993). The two-dimensional impact of color on shopping. Marketing Letters, 4(1), 59–69.

Csikszentmihalyi, M. (1990). Flow: The psychology of optimal experience. New York, NY: Harper & Row.

Curhan, R. C. (1974). The effects of merchandising and temporary promotional activities on the sales of fresh fruits and vegetables in supermarkets. Journal of Marketing Research, 11(3), 286.

Dabholkar, P. A., Bobbitt, M. L., & Lee, E.-J. (2003). Understanding consumer motivation and behavior related to self-scanning in retailing. International Journal of Service Industry Management, 14(1), 59–95.

Deherder, R., & Blatt, R. (2010). Shopper intimacy: A practical guide to leveraging marketing intelligence to drive retail success. Upper Saddle River, NJ: FT Press.

Depaoli, M. A. (1992). Die Sprache der Ware: Zukunftsorientierte Produktpräsentation, angewandtes Merchandising. Wien: Ueberreuter.

Dodes, R. (2005, February 13). O.K., it's over. So now let's party. The New York Times, 1.

Dolliver, M. (2009, November 20). Impulse buying is alive and well. Progressive Grocer. Retrieved from http://www.progressivegrocer.com/top-story-impulse_ buying_is_alive_and_well-26290.html.

Donovan, R. J., & Rossiter, J. R. (1982). Store atmosphere: An environmental psychology approach. Journal of Retailing, 58(1), 34.

Donovan, R. J., Rossiter, J. R., Marcoolyn, G., & Nesdale, A. (1994). Store atmosphere and purchasing behavior. Journal of Retailing, 70(3), 283–294.

Doucé, L., Poels, K., Janssens, W., & De Backer, C. (2013). Smelling the books: The effect of chocolate scent on purchase-related behavior in a bookstore. Journal of Environmental Psychology, 36, 65–69.

Doyle, M. (2003). Fighting back with convenience. Progressive Grocer, 82(6), 20–24.

Drott, C. (2006). Flow im Erlebniskauf. Market Mentor archive #294.

Dunlop, B. (1996). Building a dream: The art of Disney architecture. New York, NY: Abrams.

Dunn, E. W., Aknin, L. B., & Norton, M. I. (2008). Spending money on others promotes happiness. Science, 319(5870), 1687–1688.

Ebster, C. (2006). UCI Kinowelt: Optimierung des Wartebereichs. In U. Wagner, H. Reisinger, C. Schwand, & D. Hoppe (Hg.), Fallstudien aus der österreichischen Marketingpraxis (51–59). Wien: WUV.

Ebster, C. (2009). Starbucks: A legendary experience at a steep price. In U. Wagner, H. Reisinger, & C. Schwand (Hg.), Fallstudien aus der österreichischen Marketingpraxis (5. Aufl., 197–205). Wien: WUV.

Ebster, C., & Guist, I. (2005). The role of authenticity in ethnic theme restaurants. Journal of Foodservice Business Research, 7(2), 41–52.

Ebster, C., & Jandrisits, M. (2003). Die Wirkung kongruenten Duftes auf die Stimmung des Konsumenten am Point of Sale. Marketing ZFP, 25(2), 99–106.

Ebster, C., & Kirk-Smith, M. (2005). The effect of the human pheromone androstenol on product evaluation. Psychology & Marketing, 22(9), 739–749.

Ebster, C., Koppler, B., Rath, D., & Reiterer, B. (2010). Shadowing study. Market Mentor archive #486.

Ebster, C., & Reisinger, H. (2005). How attractive should a salesperson be? Results of an experimental study. Finanza Marketing e Produzione, 23(3), 124–130.

Ebster, C., Wagner, U., & Neumueller, D. (2009). Children's influences on in- store purchases. Journal of Retailing and Consumer Services, 16(2), 145–154.

Ebster, C., Wagner, U., & Valis, S. (2006). The effectiveness of verbal prompts on sales. Journal of Retailing and Consumer Services, 13(3), 169–176.

Ebster, C., Wagner, U., & Geider, B. (2008). The effect of floor texture on consumer behavior at the point of sale. Proceedings of the 2008 Society for Marketing Advances Conference, St. Petersburg, FL.

Ebster, C., Wagner, U., & Sperl, S. (2011). Cognitive age. Working paper. Department of Marketing, University of Vienna.

Eco, U. (1986). Travels in hyperreality. New York, NY: Harcourt Brace Jovanovich.

Exhibit. (1996, July 2). Exhibit to highlight in-store lighting. Business World, 14.

Falk, E. A. (2003). 1001 ideas to create retail excitement (rev. ed.). New York, NY: Prentice Hall.

Forsythe, S. M., & Bailey, A. W. (1996). Shopping enjoyment, perceived time poverty, and time spent shopping. Clothing and Textiles Research Journal, 14(3), 185–191.

Gifford, R. (1997). Environmental psychology: Principles and practice (2nd ed.). Boston, MA: Allyn and Bacon.

Glamser, D. (1990), August 24). Mozart plays the empty lot. USA Today, 3a.

Goffman, E. (1959). The presentation of self in everyday life. New York, NY: Anchor Books.

Golledge, R. G. (2004). Human wayfinding and cognitive maps. In A. Bailly & L. Gibson (Eds.), Applied geography: A world perspective (233–252). Dordrecht, Netherlands: Kluwer Academic.

Gone tomorrow. (2009, July 23). Gone tomorrow: The spread of pop-up retailing. The Economist (U.S. ed.). Retrieved from http://www.economist.com/node/14101585.

Gottdiener, M. (1997). The theming of America: Dreams, visions, and commercial spaces. Boulder, CO: Westview Press.

Granbois, D. H. (1968). Improving the study of customer in-store behavior. The Journal of Marketing, 32(4), 28–33.

Grewal, D., Baker, J., Levy, M., & Voss, G. B. (2003). The effects of wait expectations and store atmosphere evaluations on patronage intentions in service-intensive retail stores. Journal of Retailing, 79(4), 259–268.

Grewal, D., Levy, M., & Kumar, V. (2009). Customer experience management in retailing: An organizing framework: Enhancing the retail customer experience. Journal of Retailing, 85(1), 1–14.

Groeppel, A. (1991). Erlebnisstrategien im Einzelhandel: Analyse der Zielgruppen, der Ladengestaltung und der Warenpräsentation zur Vermittlung von Einkaufserlebnissen. Konsum und Verhalten. Heidelberg: Physica-Verlag.

Groeppel-Klein, A., & Bartmann, B. (2009). Turning bias and walking patterns: Consumers' orientation in a discount store. Marketing: Journal of Research and Management, 29(1), 41–56.

Groeppel-Klein, A., & Germelmann, C. C. (2003). "Minding the mall": Do we remember what we see? Advances in Consumer Research, 30, 56–67.

Grossbart, S. L., & Rammohan, B. (1981). Cognitive maps and shopping convenience. Advances in Consumer Research, 8, 128–133.

Grotlüschen, A., & Rielmann, W. (2011). Leo. Level-One Studie. Presseheft. Universität Hamburg: Hamburg. Online verfügbar unter: http://blogs.eplo.uni-hamburg.de/leo/.

Grove, S. J., & Fisk, R. P. (1983). The dramaturgy of services exchange: An analytical framework for services marketing. In L. L. Berry, G. L. Shostack, & G. D. Upah (Hg.), Emerging perspectives on services marketing (45–49). Chicago, IL: American Marketing Association.

Haans, A. (2014). The natural preference in people's appraisal of light. Journal of Environmental Psychology, 39, 51-61.

Haarlander, L. (2001, May 7). Does your sign make a good impression? Here are a few tips on making signage work. Buffalo News, D1.

Harrell, G. D., Hutt, M. D., & Anderson, J. D. (1980). Path analysis of buyer behavior under conditions of crowding. Journal of Marketing Research, 17(1), 45–51.

Hall, E. T. (1990). The hidden dimension. New York, NY: Anchor Books.

Haugtvedt, C. P., Herr, P. M., & Kardes, F. R. (Hg.). (2008). Handbook of consumer psychology. New York, NY: Psychology Press.

Henderson, J. (1999). Casino design: Resorts, hotels, and themed entertainment spaces. Gloucester, MA: Quarry Books.

Henderson, J. M., & Hollingworth, A. (1999). High-level scene perception. Annual Review of Psychology, 50(1), 243–271.

Herrmann A., Zidansek M., Sprott D.E., & Spangenberg E.R. (2013). The power of simplicity: Processing fluency and the effects of olfactory cues on retail sales. Journal of Retailing, 89 (1), 30-43.

Hirsch, A. (1995). Effect of ambient odors on slot machine usage in a Las Vegas casino. Psychology & Marketing, 12(7), 585–594.

Hornik, J. (1992). Tactile stimulation and consumer response. The Journal of Consumer Research, 19(3), 449–458.

Hui, M. K., & Bateson, J. E. (1991). Perceived control and the effects of crowding and consumer choice on the service experience. Journal of Consumer Research, 18(2), 174–184.

Hunter, B. T. (1995). The sale appeal of scents (using synthetic food scents to increase sales). Consumers' Research Magazine, 78(10), 8–9.

Illiteracy. (2007). Illiteracy: The downfall of American society. Retrieved from http://education-portal.com/articles/Illiteracy:_The_Downfall_of_ American_ Society.html.

Iyengar, S. S. (2010). The art of choosing (1st ed.). New York, NY: Twelve.

Iyengar, S. S., & Lepper, M. R. (2000). When choice is demotivating: Can one desire too much of a good thing? Journal of Personality and Social Psychology, 79(6), 995–1006.

Kahn, B. E., & Wansink, B. (2004). The influence of assortment structure on perceived variety and consumption quantities. Journal of Consumer Research, 30(4), 519–533.

Kanner, B. (1989, April 3). Color schemes. New York Magazine, 22–23.

Karana, E. (2010). How do materials obtain their meanings? Middle East Technical University Journal of the Faculty of Architecture, 2(27), 271–285.

Karana, E., Hekkert, P., & Kandachar, P. (2009). Meanings of materials through sensorial properties and manufacturing processes. Materials and Design, 30(7), 2779–2784.

Kardes, F. R., Cline, T. W., & Cronley, M. L. (2011). Consumer behavior: Science and practice. Mason, OH: South-Western Cengage Learning.

Kotler, P., & Armstrong, G. (2010). Principles of marketing (13th ed.). Upper Saddle River, NJ: Pearson.

Kowitt, B. (2010, August 23). Inside the secret world of Trader Joe's. Fortune. Retrieved from http://money.cnn.com/2010/08/20/news/companies/inside_ trader_joes_full_version.fortune/index.htm.

Kreft, W. (1993). Ladenplanung: Merchandising-Architektur Strategie für Verkaufsräume. Leinfelden-Echterdingen: Verlagsanstalt Alexander Koch.

Kroeber-Riel, W. (1993). Bildkommunikation: Imagerystrategien für die Werbung. München, Germany: Vahlen.

Kroeber-Riel, W., Weinberg, P., & Groeppel-Klein, A. (2009). Konsumentenverhalten (9. Aufl.). München: Vahlen.

Kubota, Y. (2009). Park plays high-pitch tone to discourage vandals. Retrieved from http://www.reuters.com/assets/print?aid=USTRE54L4H620090525.

Lash, E. (1998). Punchy point of purchase pointers. Dairy Field Reports, 181(9), 1.

Lehrner, J., Marwinski, G., Lehr, S., Johren, P., & Deecke, L. (2005). Ambient odors of orange and lavender reduce anxiety and improve mood in a dental office. Physiology & Behavior, 86, 92–95.

Leonard, T. (2008, July 14). The strange land where girls want to dress like their dolls. The Daily Telegraph, 22.

Levy, M., & Weitz, B. A. (2009). Retailing management (7th ed.). New York, NY: McGraw-Hill/Irwin.

Lewison, D. M. (1991). Retailing (4th ed.). New York, NY: Macmillan.

Lovelock, C. H., & Morgan, I. P. (1996). Euro Disney: An American in Paris. In C. H. Lovelock & J. Wirtz (Hg.), Services marketing. People, technology, strategy (3. Aufl., 127–140). Upper Saddle River, NJ: Pearson/Prentice Hall.

Lovelock, C. H., & Wirtz, J. (2011). Services marketing: People, technology, strategy (7th ed.). Boston, MA: Pearson.

Lynch, K. (1960). The image of the city. Cambridge, MA: MIT Press.

Machleit, K. A., Eroglu, S. A., & Mantel, S. P. (2000). Perceived retail crowding and shopping satisfaction: What modifies this relationship? Journal of Consumer Psychology, 9(1), 29–42.

MacInnis, D. J., & Park, C. W. (1991). The differential role of characteristics of music on high- and low-involvement consumers' processing of ads. Journal of Consumer Research, 18(2), 161–172.

Magee, E. (2010). What's at eye level in your refrigerator? Retrieved from http://blogs.webmd.com/healthy-recipe-doctor/2010/07/whats-at-eye-level-in- your-refrigerator.html.

Maister, D. H. (1984). The psychology of waiting lines. Harvard Business School Note 9-684-064, 49-684-064 (Rev. 5/8).

Mattila, A. S., & Wirtz, J. (2001). Congruency of scent and music as a driver of in-store evaluations and behavior. Journal of Retailing, 77(2), 273–289.

McGoun, E. G., Dunkak, W. H., Bettner, M. S., & Allen, D. E. (2003). Walt's street and Wall Street: Theming, theater, and experience in finance. Critical Perspectives on Accounting, 14(6), 647–661.

McKinnon, G. F., Kelly, P. J., & Robison, D. E. (1981). Sales effects of point-of-purchase in-store signing. Journal of Retailing, 57(2), 49–63.

Mehrabian, A., & Russell, J. A. (1974). An approach to environmental psychology. Cambridge, MA: MIT Press.

Meyer, W. G., Harris, E. E., Kohns, D. P., Stone, J. R., & Ashmun, R. D. (1988). Retail Marketing (8th ed.). New York, NY: McGraw-Hill Ryerson.

Meyers-Levy. J., & Zhu, R. (2007). The influence of ceiling height: The effect of priming on the type of processing that people use. Journal of Consumer Research, 34 (2), 174–186.

Mikunda, C. (2006). Brandlands, hot spots & cool spaces. London: Kogan Page.

Miller, G. A. (1956). The magical number seven, plus or minus two: Some limits on our capacity for processing information. Psychological Review, 101(2), 343–352.

Milliman, R. E. (1982). Using background music to affect the behavior of supermarket shoppers. Journal of Marketing, 46(3), 88–91.

Milliman, R. E. (1986). The influence of background music on the behavior of restaurant patrons. The Journal of Consumer Research, 13(2), 286–289.

Mills, A. (o.J.) Parking signs rules: Is your parking lot compliant? Retrieved from http://ezinearticles.com/?Parking-Signs-Rules---Is-Your-Parking-Lot-Compliant?&id=2001413.

Mitchell, D. J., Kahn, B. E., & Knasko, S. C. (1995). There's something in the air: Effects of congruent or incongruent ambient odor on consumer decision making. The Journal of Consumer Research, 22(2), 229–238.

Mitrasinovic, M. (1998). Theme parks. (Doctoral dissertation). University of Florida, Gainesville, FL.

Mongello, L. (2006). Mickey's 10 commandments by Marty Sklar. Retrieved from http://www.wdwradio.com/forums/walt-disney-company/5635-mickeys-10-commandments-marty-sklar.html.

Moore, C. M., Doherty, A. M., & Doyle, S. A. (2010). Flagship stores as a market entry method: The perspective of luxury fashion retailing. European Journal of Marketing, 44(1/2), 139–161.

Morin, S. (1983, January 10). Interior design sets out to make casino that relaxes your morality. The Wall Street Journal, 31.

Nation. (1998). Nation's last themeless restaurant closes. Retrieved from http://www.theonion.com/articles/nations-last-themeless-restaurant-closes,3907.

O'Connell, B. (2008, November 21). In a window wonderland. The Irish Times, 17.

Oldenburg, R. (1999). The great good place: Cafés, coffee shops, bookstores, bars, hair salons, and other hangouts at the heart of a community. New York, NY: Marlowe.

O'Neill, K. (2009, September 14). Mark's goes beyond "cool" look: Chain offers walk-in freezer so consumers can test clothes in Canadian winter conditions. The Globe and Mail, B5.

Orth, U. R., & Wirtz, J. (2014). Consumer processing of interior service environments: The interplay among visual complexity, processing fluency, and attractiveness. Journal of Service Research, 17 (3), 296–309.

O'Shea, J. (2003, March 19). Empty shop fronts offer window on artwork. UK Newsquest Regional Press, 17.

Packaging research. (1983). Packaging research probes stopping power, label reading, and consumer attitudes among the targeted audience. Marketing News, 17(15), 8.

Packard, V. O. (1958). The hidden persuaders. New York, NY: Pocket Books.

Paivio, A. (1991). Images in mind: The evolution of a theory. New York, NY: Harvester Wheatsheaf. Deutsche Ausgabe: Die geheimen Verführer. Düsseldorf: Econ-Verlag.

Penn, M. J., & Zalesne, E. K. (2007). Microtrends: The small forces behind tomorrow's big changes. New York, NY: Twelve.

Pepper, A. (1993, January 4). Scents and cents: Experts advising more and more merchants to use smell to sell. Orange County Register, E01.

Phillips, H., & Bradshaw, R. (1993). How customers actually shop: Customer interaction with the point of sale. International Journal of Market Research, 35 (1), 51–62.

Pine, B. J., & Gilmore, J. H. (1999). The experience economy: Work is theatre & every business a stage. Boston, MA: Harvard Business School Press.

Puccinelli, N., Chandrashekaran, R., Grewal, D., & Suri, R. (2013). Are men seduced by red? The effect of red versus black prices on price perceptions. Journal of Retailing, 89 (2), 115–125.

Reynolds, G. (2012). Presentation Zen: Simple ideas on presentation design and delivery (2nd ed.). Berkeley, CA: New Riders.

Rook, D. W., & Hoch, S. J. (1985). Consuming impulse. Advances in Consumer Research, 12, 23–27.

Russell, J. A., & Mehrabian, A. (1976). Environmental variables in consumer research. Journal of Consumer Research, 3(1), 62–63.

Sanders, A. F. (1963). The selective process in the functional visual field. Soesterberg, Netherlands: The Institute of Perception.

Sands, D. (1984). The next approach from Hepworths. Retail and Distribution Management, 12(6), 30–31.

Schauss, A. G. (1979). Tranquilizing effect of color reduces aggressive behavior and potential violence. Orthomolecular Psychiatry, 8, 218–221.

Schmitt, B., & Simonson, A. (1997). Marketing aesthetics: The strategic management of brands, identity, and image. New York, NY: Free Press.

Schwarz, N. (2004). Meta-cognitive experiences in consumer judgment and decision making. Journal of Consumer Psychology, 14 (4), 332–348.

Sen, S., Block, L. G., & Chandran, S. (2002). Window displays and consumer shopping decisions. Journal of Retailing and Consumer Services, 9(5), 277–290.

Shakespeare, W. (2009). As You Like It: The Cambridge Dover Wilson Shakespeare. Cambridge, UK: Cambridge University Press.

Smilansky, S. (2009). Experiential marketing: A practical guide to interactive brand experiences. London, UK: Kogan Page.

Smith, P., & Burns, D. J. (1996). Atmospherics and retail environments: The case of the "power aisle." International Journal of Retail & Distribution Management, 24(1), 7.

Solomon, M. R., Bamossy, G., Askegaard, S., & Hogg, M. K. (2006). Consumer behaviour: A European perspective (3rd ed.). Harlow, UK: Financial Times.

Sommer, R., & Aitkens, S. (1982). Mental mapping of two supermarkets. Journal of Consumer Research, 9(2), 211.

Sorensen, H. (2009). Inside the mind of the shopper: The science of retailing. Upper Saddle River, NJ: Pearson Prentice Hall.

Spangenberg, E., Crowley, A. E., & Henderson, P. W. (1996). Improving the store environment. Do olfactory cues affect evaluations and behaviors? Journal of Marketing, 60(2), 67–80.

Spector, A. (1999). Levy-Spielberg group scuttles Dive! Prototype locale. Nation's Restaurant News, 33(5), 6.

Spies, K., Hesse, F., & Loesch, K. (1997). Store atmosphere, mood and purchasing behavior. International Journal of Research in Marketing, 14(1), 1–17.

Storefronts. (1996). Storefronts show advantage of curb appeal. Chain Store Age, 72(11), 102.

Stratton, V. N., & Zalanowski, A. (1984). The effect of background music on verbal interaction in groups. Journal of Music Therapy, 21(1), 16–26.

Summers, T. (2001). Shedding some light on store atmospherics: Influence of illumination on consumer behavior. Journal of Business Research, 54(2), 145–150.

Sweeney, J. C., & Wyber, F. (2002). The role of cognitions and emotions in the music-approach-avoidance behavior relationship. Journal of Services Marketing, 16(1), 51–69.

Taylor, J. (2004, June 6). Business signs are paramount. The Houston Chronicle, 4.

The World Bank (2013). Populations ages 65 and above. Retrieved from http://data.worldbank.org/indicator/SP.POP.65UP.TO.ZS.

Tips. (1995, September 6). Tips for business success. Business Times (Malaysia), 6.

Tolman, E. C. (1984). Cognitive maps in rats and men. Psychological Review, 55(4), 189–208.

Traindl, A. (2007). Neuromarketing: Die innovative Visualisierung von Emotionen (3rd ed.). Linz: Trauner.

Trilling, L. (1972). Sincerity and authenticity. London, UK: Oxford University Press.

Turley, T. W., & Milliman, R. E. (2000). Atmospheric effects on shopping behavior: A review of the experimental evidence. Journal of Business Research, 49(2), 193–211.

Underhill, P. (1999). Why we buy: The science of shopping. New York, NY: Simon & Schuster.

van der Waerden, P., Borgers, A., & Timmermans, H. (1998). The impact of the parking situation in shopping centres on store choice behaviour. Geo Journal, 45(4), 309–315.

Vence, D. L. (2007). Point of purchase displays. Marketing News, 41(18), 8.

Veryzer, R. W., & Hutchinson, W. J. (1998). The influence of unity and prototypicality on aesthetic response to new product design. Journal of Consumer Research, 24(4), 374–394.

Vincent, G. K., & Velkoff, V. A. (2010). The next four decades, the older population in the United States: 2010 to 2050: Current population reports. Washington, DC: U.S. Department of Commerce, Economics and Statistics Administration.

Wagner, U., Ebster, C., Eske, U., & Weitzl, W. (2014). The influence of shopping carts on customer behavior in grocery stores. Marketing ZFP – Journal of Research and Management, 36 (3), 165–175.

Wal-Mart. (2010). Walmart annual report 2010. Bentonville, AR: Author. Retrieved from http://investors.walmartstores.com/phoenix.zhtml?c=112761&p=irol-reportsannual.

Wedel, M., & Pieters, R. (Hg.). (2008). Visual marketing: From attention to action. New York, NY: Taylor & Francis.

Weinberg, P. (1992). Erlebnismarketing. München: Vahlen.

Wertheimer, M. (1922). Untersuchungen zur Lehre von der Gestalt. Psychologische Forschung, 1(1), 47–58.

Wexner, L. B. (1954). The degree to which colors (hues) are associated with mood-tones. Journal of Applied Psychology, 38(6), 432–435.

Wilkie, M. (1995). Scent of a market. American Demographics, 17(8), 40.

Wilkie, W. L. (1994). Consumer behavior (3rd ed.). New York, NY: Wiley.

Wilson, E. O. (1984). Biophilia. Cambridge: Harvard University Press.

Yalch, R. F., & Spangenberg, E. R. (1988). An environmental psychological study of foreground and background music as retail atmospheric factors. In A. W. Walle (Hg.), American Marketing Association educators' conference proceedings (106–110). Chicago, IL: AMA.

Yalch, R. F., & Spangenberg, E. R. (1990). Effects of store music on shopping behavior. The Journal of Consumer Marketing, 7(2), 55–63.

Zhong, C. B., Lake, V. B., & Gino, F. (2010). A good lamp is the best police: Darkness increases dishonesty and self-interested behavior. Psychological Science, 21, 311–314.

Stichwortverzeichnis

Bildnachweise

Einleitung

Abb. I.1: Riem Khalil

Kapitel 1

Abb. 1.1–1.10, 1.13–1.21: Riem Khalil
Abb. 1.12: Umdasch Shop-Concept

Kapitel 2

Abb. 2.1–2.13: Riem Khalil

Kapitel 3

Abb. 3.1, 3.2, 3.5–3.7, 3.10–3.12: Riem Khalil
Abb. 3.3: Glow, "Mall Cairns," CC-Lizenz (BY 2.0), http://creativecommons.org/licenses/by/2.0/de/deed.de; source: http://www.piqs.de
Abb. 3.4: schorse1963, "Einkaufszentrum," CC-Lizenz (BY 2.0), http://creativecommons.org/licenses/by/2.0/de/deed.de; source: http://www.piqs.de
Abb. 3.8, 3.9: Umdasch Shop-Concept

Kapitel 4

Abb. 4.1, 4.3, 4.11, 4.13, 4.18, 4.19: Umdasch Shop-Concept
Abb. 4.2, 4.4–4.8, 4.10, 4.12, 4.14–4.17: Riem Khalil
Abb. 4.9: Peter Dutton, "Lego People," CC-Lizenz (BY 2.0), http://creativecommons.org/licenses/by/2.0/de/deed.de; source: http://www.piqs.de

Kapitel 5

Abb. 5.1–5.5, 5.7–5.9: Riem Khalil
Abb. 5.6: Umdasch Shop-Concept

Kapitel 6

Abb. 6.1–6.2, 6.4, 6.6.–6.8: Riem Khalil
Abb. 6.3: American Girl Brands LLC
Abb. 6.5: Barnes & Noble, Inc.

Kapitel 7

Abb. 7.1–7.3, 7.5: Riem Khalil
Abb. 7.4: Meyer-Hentschel Institut
Abb. 7.6: Umdasch Shop-Concept